科學少年學習誌

編／科學少年編輯部

科學閱讀素養
生物篇 2

遠流

科學少年學習誌
科學閱讀素養 生物篇2　目錄

課程連結表

文章主題	文章特色	搭配108課綱（第四學習階段 —— 國中）	
		學習主題	學習內容
對抗傳染病的利器——疫苗	介紹疫苗的作用機制，以及如何保護我們的健康，了解哪些疾病可用疫苗加以預防，並破除關於疫苗的迷思。	生物體的構造與功能（D）：生物體內的恆定性與調節（Dc）	Dc-Ⅳ-2皮膚是人體的第一道防禦系統，能阻止外來物，例如：細菌的侵入；而淋巴系統則可進一步產生免疫作用。
		演化與延續（G）：生殖與遺傳（Ga）	Ga-Ⅳ-5生物技術的進步，有助於解決農業、食品、能源、醫藥，以及環境相關的問題，但也可能帶來新問題。
健康飲食：照顧你的腸道菌	文章敘述食物與腸道細菌間的互動關係，了解腸道細菌扮演的角色、為人體帶來的益處、以及好菌、壞菌的差異，最後敘述人類如何和細菌互利共生。	生物體的構造與功能（D）：動植物體的構造與功能（Db）	Db-Ⅳ-1動物體（以人體為例）經由攝食、消化、吸收獲得所需的養分。
		演化與延續（G）：生物多樣性（Gc）	Gc-Ⅳ-2地球上有形形色色的生物，在生態系中擔任不同的角色，發揮不同的功能，有助於維持生態系的穩定。 Gc-Ⅳ-3人的體表和體內有許多微生物，有些微生物對人體有利，有些則有害。 Gc-Ⅳ-4人類文明發展中有許多利用微生物的例子，例如：早期的釀酒、近期的基因轉殖等。
看見細胞的發明大王——虎克	介紹虎克的生平事蹟與各項偉大發明，乃至於後期與牛頓在科學上的各種論戰衝突，有助於更加了解虎克及其貢獻！	生物體的構造與功能（D）：細胞的構造與功能（Da）	Da-Ⅳ-1使用適當的儀器可觀察到細胞的形態及細胞膜、細胞質、細胞核、細胞壁等基本構造。 Da-Ⅳ-2 細胞是組成生物體的基本單位。
		科學、科技、社會及人文（M）：科學發展的歷史（Mb）	Mb-Ⅳ-2科學史上重要發現的過程，以及不同性別、背景、族群者於其中的貢獻。
金門的生態大使：水獺	說明水獺的形態特徵與生態習性，了解他們究竟有何厲害之處。經由水獺目前面對的生存困境，了解人類該如何保育這種動物。	演化與延續（G）：生物多樣性（Gc）	Gc-Ⅳ-2地球上有形形色色的生物，在生態系中擔任不同的角色，發揮不同的功能，有助於維持生態系的穩定。
		生物與環境（L）：生物與環境的交互作用（Lb）	Lb-Ⅳ-2人類活動會改變環境，也可能影響其他生物的生存。 Lb-Ⅳ-3人類可採取行動來維持生物的生存環境，使生物能在自然環境中生長、繁殖、交互作用，以維持生態平衡。
徜徉天空的遊牧民族——候鳥	介紹了候鳥，包括臺灣候鳥的類別，候鳥遷徙時的導航和飛行策略。對於喜愛鳥類的同學而言，本文可作為探討鳥類的入門閱讀	生物體的構造與功能（D）：動植物體的構造與功能（Db）；生物體內的恆定性與調節（Dc）	Db-Ⅳ-4動植物體適應環境的構造常成為人類發展各種精密儀器的參考。 Dc-Ⅳ-5生物體能覺察外界環境變化、採取適當的反應以使體內環境維持恆定，這些現象能以觀察或改變自變項的方式來探討。
		變動的地球（I）：晝夜與季節（Id）	Id-Ⅳ-3地球的四季主要是因為地球自轉軸傾斜於地球公轉軌道面而造成。
		生物與環境（L）：生物與環境的交互作用（Lb）	Lb-Ⅳ-1生態系中的非生物因子會影響生物的分布與生存，環境調查時常需檢測非生物因子的變化。
珊瑚成群好風景	提供完整且詳細的珊瑚介紹，透過對珊瑚特徵及習性的介紹，可以進一步認識珊瑚在整個海洋生態系的角色，深刻體會珊瑚礁保育的重要性與急迫性。	生物體的構造與功能（D）：動植物體的構造與功能（Db）	Db-Ⅳ-1物體（以人體為例）經由攝食、消化、吸收獲得所需的養分。
		地球環境（F）：生物圈的組成（Fc）	Fc-Ⅳ-1生物圈內含有不同的生態系。生態系的生物因子，其組成層次由低到高為個體、族群、群集。
		演化與延續（G）：生物多樣性（Gc）	Gc-Ⅳ-1根據生物形態與構造的特徵，可以將生物分類。 Gc-Ⅳ-2地球上有形形色色的生物，在生態系中擔任不同的角色，發揮不同的功能，有助於維持生態系的穩定。
		生物與環境（L）：生物間的交互作用（La）；生物與環境的交互作用（Lb）	La-Ⅳ-1隨著生物間、生物與環境間的交互作用，生態系中的結構隨時間改變，形成演替現象。 Lb-Ⅳ-3人類可採取行動來維持生物的生存環境，使生物能在自然環境中生長、繁殖、交互作用，以維持生態平衡。
看植物使出渾身解數度過逆境	介紹許多植物為了適應環境用到的特殊方式，並學習植物的營養及運輸模式，還有植物如何感應環境的變化等課題。	能量的形式、轉換及流動（B）：生物體內的能量與代謝（Bc）	Bc-Ⅳ-3植物利用葉綠體進行光合作用，將二氧化碳和水變成醣類養分，並釋出氧氣；養分可供植物本身及動物生長所需。
		生物體的構造與功能（D）：生物體內的恆定性與調節（Dc）	Dc-Ⅳ-5生物體能覺察外界環境變化、採取適當的反應以使體內環境維持恆定，這些現象能以觀察或改變自變項的方式來探討。
		生物與環境（L）：生物與環境的交互作用（Lb）	Lb-Ⅳ-1生態系中的非生物因子會影響生物的分布與生存，環境調查時常需檢測非生物因子的變化。

科學 × 閱讀二

閱讀是人類學習的重要途徑，自古至今，人類一直透過閱讀來擴展經驗、解決問題。到了 21 世紀這個知識經濟時代，掌握最新資訊的人就具有競爭的優勢，閱讀更成了獲取資訊最方便而有效的途徑。從報紙、雜誌、各式各樣的書籍，人只要睜開眼，閱讀這件事就充斥在日常生活裡，再加上網路科技的發達便利了資訊的產生與流通，使得閱讀更是隨時隨地都在發生著。我們該如何利用閱讀，來提升學習效率與有效學習，以達成獲取知識的目的呢？如今，增進國民閱讀素養已成為當今各國教育的重要課題，世界各國都把「提升國民閱讀能力」設定為國家發展重大目標。

另一方面，科學教育的目的在培養學生解決問題的能力，並強調探索與合作學習。近年，科學教育更走出學校，普及於一般社會大眾的終身學習標的，期望能提升國民普遍的科學素養。雖然有關科學素養的定義和內容至今仍有些許爭議，尤其是在多元文化的思維興起之後更加明顯，然而，全民科學素養的培育從 80 年代以來，已成為我國科學教育改革的主要目標，也是世界各國科學教育的發展趨勢。閱讀本身就是科學學習的夥伴，透過「科學閱讀」培養科學素養與閱讀素養，儼然已是科學教育的王道。

對自然科老師與學生而言，「科學閱讀」的最佳實踐無非選擇有趣的課外科學書籍，或是選擇有助於目前學習階段的學習文本，結合現階段的學習內容，在教師的輔導下以科學思維進行閱讀，可以讓學習科學變得有趣又不費力。

素養＋樂趣！

撰文／陳宗慶

我閱讀了《科學少年》後，發現它是一本相當吸引人的科普雜誌，更是一本很適合培養科學素養的閱讀素材，每一期的內容都包括了許多生活化的議題，涵蓋了物理、化學、天文、地質、醫學常識、海洋、生物……等各領域有趣的內容，不但圖文並茂，更常以漫畫方式呈現科學議題或科學史，讓讀者發覺科學其實沒有想像中的難，加上內文長短非常適合閱讀，每一篇的內容都能帶著讀者探究科學問題。如今又見《科學少年》精選篇章集結成有趣的《科學閱讀素養》，其內容的選編與呈現方式，頗適合做為教師在推動科學閱讀時的素材，學生也可以自行選閱喜歡的篇章，後面附上的學習單，除了可以檢視閱讀成果外，也把內文與現行國中教材做了連結，除了與現階段的學習內容輕鬆的結合外，也提供了延伸思考的腦力激盪問題，更有助於科學素養及閱讀素養的提升。

老師更可以利用這本書，透過課堂引導，以循序漸進的方式帶領學生進入知識殿堂，讓學生了解生活中處處是科學，科學也並非想像中的深不可測，更領略閱讀中的樂趣，進而終身樂於閱讀，這才是閱讀與教育的真諦。㉛

作者簡介

陳宗慶　國立高雄師範大學物理博士，高雄市五福國中校長，教育部中央輔導團自然與生活科技領域常務委員，高雄市國教輔導團自然與生活科技領域召集人。專長理化、地球科學教學及獨立研究、科學展覽指導，熱衷於科學教育的推廣。

對抗傳染病的利器 疫苗

施打疫苗能喚起身體的演習警報，讓免疫系統保衛自己，也是阻止疫情大爆發的有效方法。

撰文／劉育志

繪圖：小比

「小志醫師，新聞報導說最近有人感染日本腦炎，好像很嚴重耶。」雯琪道。

「既然說到這個，你們曉得日本腦炎是靠什麼傳染給人嗎？」我問。

「蚊子！」威豪舉手搶答。

「對！日本腦炎由蚊子傳播病毒，人類被病媒蚊叮咬後即可能被感染。患者會先發燒、頭痛、上吐下瀉，然後可能出現急性腦炎。嚴重的患者會出現意識狀態改變，加上神經功能受影響而導致運動障礙，致死率約20％到30％。幸運存活的患者也可能有後遺症，影響運動、語言的功能。」我說。

「好可怕喔，日本腦炎有辦法治療嗎？」

「目前沒有治療日本腦炎的特效藥，只能針對患者病情給予支持性療法。」我說：「幸好多數人在感染日本腦炎病毒後都沒有明顯症狀，屬於不顯性感染。但是我們也不能掉以輕心，想預防日本腦炎最好的方法就是避

免被蚊子叮咬，以及注射疫苗。」

「既然沒有治療日本腦炎的特效藥，為什麼打疫苗可以預防呢？」莉芸問。

「疫苗和藥物的功能不太一樣，簡單來說，藥物是去消滅病原體，疫苗則是促使我們的免疫系統製造能消滅病原體的武器。」我接著說：「免疫系統是我們體內的軍隊，會攻擊任何不屬於自己的東西，例如細菌、病毒以及外來的組織。為了能攻擊正確目標，免疫系統擁有相當精密的『敵我辨識系統』，而且會針對不同入侵者量身打造武器，也就是『抗體』。」

讓免疫系統事先演練

「小志醫師，我有點不懂。」文謙搔搔頭，問：「當細菌、病毒侵入人體時，免疫系統本來就會被啟動去攻擊病原體，為何還需要事先注射疫苗？」

「你問得很好，人體遭受感染時，免疫系統的確會做出反應並產出抗體。我們注射疫苗的目的主要是為了爭取時效。」我說：

「當免疫系統偵測到首次出現的病原體時，需要花費數天到數週才有辦法製造出足夠的抗體。在這段期間病原體將迅速繁殖、長驅直入並大肆破壞。部分患者可能撐不到抗體製造出來就已經死亡，至於存活的患者則可能留下後遺症。」

「原來如此。」莉芸點點頭說：「如果在沒有感染的時候預先注射疫苗，免疫系統就有足夠的時間生產抗體，之後遇上病原體入侵，就能立刻進攻。」

「沒錯，在感染初期，病原體的數量相對少，當你的免疫系統又能迅速製造抗體，消滅敵軍的機會就很高。感染的症狀就會比較輕微，甚至一點感覺都沒有。」

聽到這裡，威豪立刻說：「那我要趕快去打疫苗，才不會得日本腦炎！」

「我也要！」

「先別急。」我笑著說：「你們現在不需要去打日本腦炎疫苗。」

「為什麼不需要呢？」

「因為你們小時候應該都接種過日本腦炎

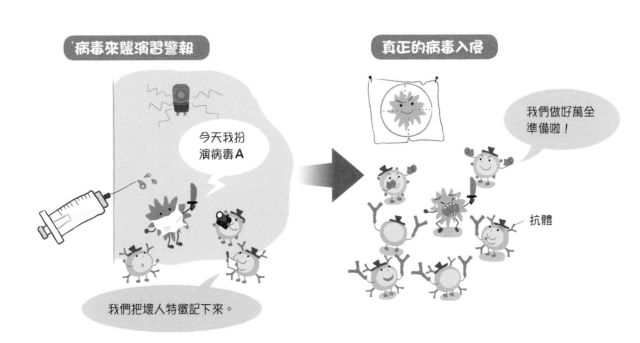

病毒來襲演習警報

今天我扮演病毒A

我們把壞人特徵記下來。

真正的病毒入侵

我們做好萬全準備啦！

抗體

疫苗了。臺灣從 1960 年代便開始推動日本腦炎疫苗接種，大多數人在小時候都有打過日本腦炎疫苗。」

「呼……真是太好了！」威豪鬆了口氣。

疫苗的時效

文謙想了一想，蹙起眉頭問：「小志醫師，你說大家都打過疫苗了，那為什麼還會有人感染日本腦炎？」

「你認為可能有什麼原因呢？」我問。

「他當年沒有打疫苗。」雯琪道。

「嗯，有可能。」我點點頭，「還有呢？」

「疫苗沒有發揮功效……」

「也有可能。每個人的免疫系統都不大相同，所以有些人打完疫苗就可以產生足夠的抗體，有些人則沒有辦法。」我又問：「還有呢？」

「還有……」同學們面面相覷。

「還有因為免疫系統『忘記了』。」我說。

「什麼？為什麼會忘記？」

「我們的免疫系統非常忙碌，需要記錄日常生活中接觸到的各種抗原。日積月累下來，免疫資料庫會儲存大量資料，對一些很久沒接觸的抗原，免疫記憶將漸漸消失，而無法產出足夠的抗體。換句話說，疫苗的保護力其實是有限的。」

「那麼疫苗的保護力能夠持續多久呢？」

「這個答案會因人而異，以 B 型肝炎為例，疫苗保護力大約 10 到 15 年。」

「所以我們長大之後需要再次接種疫苗囉？」莉芸問。

「是的，當疫苗保護力逐漸消失時，可以考慮重新接種，尤其是工作上經常接觸帶原者的人，一定要接種疫苗。」我說：「除了工作考量，計劃出國旅行前，也建議向醫師諮詢。因為有幾種在臺灣已經很少見的傳染病，在部分國家仍有疫情，出發之前最好能施打疫苗，以免受到感染。」

每年施打流感疫苗？

「小志醫師，既然疫苗保護力可以持續 10 年，為什麼我們每年都要打流感疫苗啊？」威豪又提出問題。

「因為每年導致流行性感冒的流行性感冒病毒都不太一樣。」我說了段繞口的話。

「這……是什麼意思？」威豪一臉狐疑。

「不是所有的感冒都叫做流行性感冒（流感），流感是由流感病毒所造成的傳染病，有 A 型、B 型與 C 型，會造成流行的幾乎都是 A 型和 B 型。你們應該聽過 H5N1、H1N1 這些代號吧？」

同學們點點頭。

「A 型流感病毒的表面有兩種重要抗原，分別是 H 抗原與 N 抗原，於是被用做分類依據。排列組合起來就有很多很多種，像是 H10N8、H7N9、H3N2 等。」

「流感有很嚴重嗎？為何要預防？」

「不要小看流感喔，這種感冒的症狀通常比較嚴重，若併發重症可能導致死亡。西元 1918 年，流感在全世界大流行，死亡人數超過 5000 萬，甚至超越第一次世界大戰的死亡人數。」

認識流感病毒ＡＢＣ

Ａ型可感染人、豬、馬、禽鳥等，病毒容易每年發生突變，造成疾病大流行；不同的亞型是依據病毒表面的 HA 蛋白（H1～H17）以及 NA 蛋白（N1～N9）配對而成。Ｂ型只會感染人，分成山形家族及維多利亞家族，會造成地區性流行。Ｃ型沒有區分亞型，主要感染人類，但不易產生症狀。

預防流感妙招 除了每年接種疫苗之外，也要勤洗手並注意口鼻部的衛生。

「5000 萬！？」莉芸倒吸一口氣。

「是的。」我點點頭說：「人口愈密集，各種傳染病愈容易散播，進而爆發大規模疫情，接種疫苗便是為了減輕傳染病對個人及社會的衝擊。擁有免疫力的人愈多，傳染病便愈難散播。因為疫苗的普及，天花、小兒麻痺這些可能導致死亡或嚴重後遺症的傳染病已經在臺灣絕跡了。」

「那現在有登革熱疫苗嗎？這個病情好像也很嚴重，夏天蚊子又那麼多！」雯琪道。

「有的！不過這個經過很多年研究、在 2015 年底問世的登革熱疫苗，使用上限制重重，安全性也備受質疑，因此世界各地的科學家還在研製更安全的疫苗。大家外出時還是要做好防蚊措施，並避免住家有病媒蚊孳生。」

預防癌症的疫苗

「小志醫師，現在是不是有子宮頸癌疫苗呢？」莉芸問。

「真的假的！？癌症也能用疫苗預防嗎？」威豪一臉不可置信。

「並非所有的癌症都能用疫苗來預防。」我道：「那是因為研究人員發現人類乳突病毒可能引發子宮頸癌，所以才會嘗試用疫苗來避免感染人類乳突病毒，進而降低罹患子宮頸癌的機率。從前，臺灣的子宮頸癌發生率、死亡率都很高，於是政府推動定期子宮頸抹片檢查，希望能早期發現子宮頸病變。多年下來，成效還不錯，子宮頸癌的發生率與死亡率都降低了。如今，愈來愈多國家會建議民眾施打人類乳突病毒疫苗，期待能進一步預防子宮頸癌。」

「應該在什麼時候施打呢？」

「人類乳突病毒是經由性行為傳染，所以若能在有性接觸之前施打疫苗，保護效果會比較好。但是人類乳突病毒疫苗無法澈底預防子宮頸癌，即使打過疫苗，還是要定期接受子宮頸抹片檢查。」

我道：「肝癌是另一個能夠靠疫苗預防的

繪圖：小比

9

接種疫苗 常見對象與時機

幼兒與兒童
免疫系統尚未有足夠抗體

健康不佳的病患
本身免疫功能較差

流感季節
避免群體間疾病大爆發

年長者
免疫功能下降

生育年齡的婦女
保障婦女生育健康

前往有傳染病風險的國家旅遊
避免感染外國盛行的傳染病

癌症。B 型肝炎病毒會讓患者的肝臟慢性發炎，漸漸演變為肝硬化、肝癌。接種 B 型肝炎病毒疫苗，能避免染上 B 型肝炎，同時減少罹患肝癌的機會。不過，目前仍然沒有 C 型肝炎疫苗，倘若經由血液傳染得到 C 型肝炎，同樣能導致肝癌。大家要避免共用針頭、刮鬍刀、牙刷。刺青、穿耳洞的工具也需要澈底消毒。」

終止疫苗謠言

「這麼說起來，疫苗實在很重要。為何我家隔壁的林媽媽說疫苗很危險，經常叫別人不要去打疫苗？」文謙問。

「為什麼她認為有危險呢？」我問。

「她說疫苗會讓小朋友得到自閉症。」

「噢，那是個相當致命的謠言啊！1998 年有位醫師在醫學期刊《柳葉刀》發表一篇論文，認為 MMR 疫苗（麻疹、德國麻疹、腮腺炎）與自閉症有關，雖然後續的研究都

沒有發現疫苗與自閉症的因果關係，但是媒體的渲染讓家長相當恐慌，疫苗接種率大幅降低，也出現許多麻疹病例。」我說：「不過，後續調查發現那位醫師的研究有很大的問題，除了造假更涉及龐大訴訟利益。最後《柳葉刀》撤除該篇論文，那位醫師的執照也被吊銷。可惜，直到現在相關流言仍未止息。」

「竟然還有這種事！」

「唉……顯然這個謠言還會經由網路或口耳相傳好多年。」我無奈的說。

這個例子提醒我們，凡事都需要多方驗證，不要因為個人意見或一兩篇論文便貿然下定論，否則可能會被嚴重誤導，對於網路上流傳的消息更要小心求證喔！

作者簡介

劉育志 筆名「小志志」，是外科醫生，也是網路宅男，目前為專職作家。對於人性、心理、歷史和科學充滿好奇。

繪圖：小比

對抗傳染病的利器——疫苗

國中生物教師　江家豪

關鍵字：1. 疫苗　2. 病原體　3. 免疫系統　4. 抗原　5. 抗體

主題導覽

　　相信每個人都有疫苗接種的經驗，但多數人卻不清楚針筒裡裝的是什麼，只知道疫苗接種後可以減少生病的機會。回顧世界上第一支疫苗是牛痘疫苗，由金納醫生所發明。

　　英文疫苗「vaccine」一詞便是由拉丁文的牛「vacca」演變而來。現在的疫苗多是透過降低或消滅病原體的致病力後，將失去致病力的病原體注射到人體內，讓我們的免疫系統辨識病原體上的抗原，產生抗體及記憶性，當真正兇猛的病原體侵入時就可以迅速消滅它們。在臺灣，兒童必須接種的疫苗包含：B 型肝炎、小兒麻痺、水痘及卡介苗等。多數疫苗效果可以維持很久，以 B 型肝炎而言大約可以維持 10~15 年之久，確切的期限因人而異。因為身體每天接觸的病原體實在太多，一旦時間久了免疫系統也會有忘記的時候，所以當身體裡的抗體消失後，我們就需要補施打疫苗。

　　透過類似概念的運用，新的疫苗不斷被研發創造，現在讓人避之唯恐不及的疾病，在不久後也許會有相對應的疫苗誕生，因此對於這些疾病不必太過恐慌。要相信醫學上的進步，總會讓我們看到希望的曙光。

挑戰閱讀王

看完〈對抗傳染病的利器——疫苗〉後，請你一起來挑戰下列問題。

答對就能得到 👍，奪得 10 個以上，閱讀王就是你！加油！

（　　）1.世界上第一支疫苗是下列何者？（這一題答對可得到 2 個 👍 哦！）
　　　　　①子宮頸癌疫苗　②牛痘疫苗　③流感疫苗　④卡介苗

（　　）2.下列關於疫苗的敘述何者正確？（這一題答對可得到 2 個 👍 哦！）
　　　　　①一種疫苗就可以預防所有的疾病
　　　　　②所有疫苗的功能都終身有效
　　　　　③多數的癌症目前並無疫苗可以注射
　　　　　④疫苗是一種染病後舒緩症狀的藥劑

（　　）3.疫苗有什麼作用？（這一題答對可得到2個👍哦！）

　　　　①可以治癒已遭感染的人　②裡面的成分可以殺死所有入侵身體的病毒

　　　　③讓受損的細胞變得有活力　④促進免疫系統產生抗體

（　　）4.下列何種疫苗並非所有兒童都需要注射？（這一題答對可得到3個👍哦！）

　　　　①子宮頸癌疫苗　②卡介苗　③B型肝炎疫苗　④小兒麻痺疫苗

（　　）5.下列關於流感的敘述何者不正確？（這一題答對可得到2個👍哦！）

　　　　①H5N1是其中一種病毒類型　②總共會突變成三種不同的病毒

　　　　③嚴重時可導致死亡　④接種疫苗可避免疾病在人群間散播

延伸思考

1.上網查查看，臺灣是否有研發疫苗的專責單位呢？一支疫苗的研發要經過哪些試驗程序？

2.請翻閱相關書籍，找一找人體內有哪幾種免疫細胞呢？它們各有什麼功能？

3.傳統上對孕婦限制很多，像是不能拿剪刀、不能吃薏仁，甚至有「孕婦不能施打疫苗」的說法，這樣的說法是否正確呢？

4.請列舉三到五種現今最常見的疫苗種類與相關疾病。

延伸閱讀

　　牛痘是一種發生在牛身上的傳染病，偶爾人類也會因為傷口接觸到病原而被傳染，出現發燒、長水泡等症狀，不過不會危及生命，病患多半數週內就可痊癒，反而是另一種疾病「天花」讓人聞之色變，因為病患即使保住性命，也很難不留下後遺症。

　　當時有位金納醫生，他發現自己的病人中，擠牛奶的女工似乎很少感染天花，但多數感染過牛痘。這個現象讓他不禁猜想，感染過牛痘的人是否可以對天花免疫呢？於是他試著將含有牛痘病毒的液體塗在一些人的傷口上，觀察這些人是不是就不會感染天花病毒。這樣的行為在當時飽受批評，所幸最後這些感染牛痘的人都痊癒了，後續也沒有感染天花，間接證明了牛痘接種的效果。牛痘為什麼如此神奇呢？其實它的作用機制跟多數疫苗十分相似。

　　在病原體的表面通常有些會被人體免疫系統辨識的構造，稱為「抗原」，透過辨識抗原，免疫系統可以分辨敵我，消滅外來的病原體。牛痘對人體沒有致命的危險，當接觸到牛痘病毒後，人體開始產生大量的「抗體」來攻擊這些病原體，在症狀痊癒後人體對這些病原體保有記憶性，當下次再被相同的病原體侵入時，便會以更快的速度產生抗體消滅它們，讓人免於被感染的痛苦。而牛痘病毒的抗原恰好與天花病毒的十分類似，因此感染過牛痘的患者，被天花病毒侵入時，體內免疫系統的記憶性被喚醒，便快速又精準的製造出抗體來攻擊這些病毒，這也是為什麼染過牛痘的患者不會被天花感染。在牛痘疫苗問世後，天花也從世界上絕跡了。

健康飲食 照顧你的 腸道菌

和腸道裡的「勇菌」、「敏菌」，成為一生一世的好夥伴！

撰文／Sammi

我們身體的組成除了肉眼可見到的手腳、軀幹、毛髮，和內部的臟器之外，其實還住著許許多多你看不見的細菌，這些細菌可能在皮膚上、腸道內，數量遠遠超過臺灣人口的總數！而細菌居住密度最高的地區就在腸道，數量之多、種類之盛都超過你的想像，這樣聽起來好像有點噁心，畢竟人們是這麼的重視衛生，市面上更充斥著很多抗菌和殺菌的產品。

腸道細菌貢獻多

就演化的觀點來看，這些以人體為家的細菌，並不會白吃白住、毫無貢獻，因為如果它們在人類演化中扮演有害的腳色，人類不會一直讓它存在體內！

有些細菌在人的腸道內會幫忙製造數種維

圖片來源：freepik，繪圖：莊雅涵

他命（B_2、B_6、B_{12}、K、葉酸、菸鹼酸等），有些乳酸菌會分泌有機酸，促進鈣質的吸收，除此之外，愈來愈多研究發現，細菌對人體有非常驚人的影響力！腸道內的細菌好像住在體內的另一群操控者，會影響我們的消化，甚至和肥胖、過敏、免疫、情緒、個性等都有關係。

就讓我們以千古不衰的老話題「減肥」來說明。一直以來我們都認為少吃多動、達到熱量平衡，就能控制體重，但很多人就算真的吃很少，體重卻不動如山，或是體重真的減輕了，過一陣子又復胖了。科學家漸漸發現，肥胖的原因不見得是好吃懶做、攝取高熱量高油高糖，而是跟你的腸道細菌有很大的關係。

科學家在老鼠的研究中發現，瘦鼠與胖鼠的腸道菌群不一樣，瘦鼠腸道中的擬桿菌數量大於厚壁菌，胖鼠則相反。他們分別把這兩種鼠的腸道菌移植給無菌鼠（生育於無菌環境，身上沒有任何細菌）後，餵食同樣熱量的食物，發現移植胖鼠菌群的小鼠變胖了，瘦鼠菌群則沒有影響。也就是說，如果你體內的擬桿菌比較多，不需要節食就能輕鬆控制體重！若有比較多的厚壁菌，它會幫你吸收比較多的熱量！意思是吃了同樣的食物，厚壁菌吸收熱量的效率比擬桿菌更好。原來腸道的菌群會決定從食物中吸收多少熱量，並決定人們該把這些熱量消耗掉還是儲存起來。看到這邊，不要只關心體重數字問題，而更要在意肥胖會導致許多慢性病（心臟病、高血壓、糖尿病），畢竟體內菌群真的跟健康息息相關啊！

益菌壞菌爭領地

腸道中的菌種多元，分成有害菌、有益菌、中性菌（很像牆頭草，平常中立，端看哪邊強大哪邊靠；如果有益菌強大，它就變成有益菌；有害菌強大，它就變成有害菌），彼此互相競爭，形成一個動態的平衡，我們希望擴大有益菌在身體占領的版圖，盡量不要讓有害菌占到領土得以繁殖。但我們可能服用某些抗生素就把益菌壞菌都殺光光；或是被嚴重的感染，壞菌就趁機而入；甚至有些比較敏感的人，吃太生冷的食物或大餐、遇到一陣風寒、壓力太大等就很可能讓菌相混亂，導致拉肚子、脹氣、便祕，所以維持平衡的腸道菌相，是腸道健康的關鍵。

讓腸道健康最重要的是飲食，因為你吃什麼，住在你身體裡的細菌就吃什麼，雖然沒有人可以斷言什麼是最棒的飲食，但可以肯定的是，過度加工和精緻化食品不太好。根據腸道菌群的研究，科學家比較了在布吉納法索與義大利兒童的腸道菌群。這兩個地區的飲食差異非常大，布吉納法索吃的是天然穀類、豆類、蔬菜、一些肉，偶爾還會吃白蟻當點心；而義大利就是典型西方飲食如披

瘦老鼠　擬桿菌多　　　胖老鼠　厚壁菌多

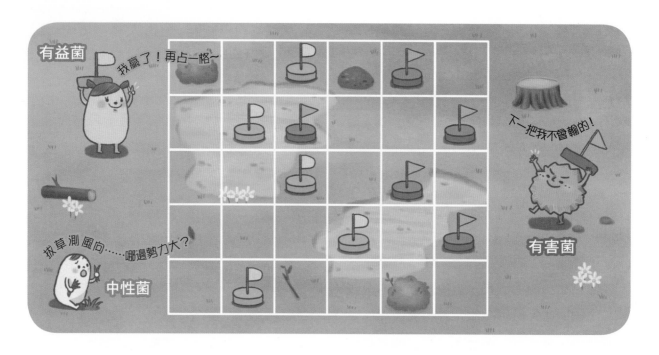

薩、義大利麵、大量的肉、冰淇淋、無酒精飲料等。經過分析，布吉納法索兒童的腸道內以擬桿菌群為主，其中又以能分泌分解纖維質酵素的普雷沃氏菌屬與木聚糖菌屬為主；而在義大利兒童的身上都沒有這兩種菌屬，兩地兒童的最大差別是，布吉納法索兒童吃的膳食纖維量是義大利兒童的三倍！

既然住在不同地區的人有不同腸道菌相，並且和飲食有關，那如果改變飲食習慣，會不會改變腸道菌相呢？在老鼠的實驗中發現，只要攝取高油、高糖、高熱量食物一天，就能改變老鼠的腸道菌相；而在人類的實驗中，肥胖者改吃低熱量飲食，至少要減去6%的體重後，擬桿菌數量才會慢慢變多。

膳食纖維養益菌

我們可能聽過膳食纖維可以刺激腸道的蠕動、預防便祕，但大家比較不知道的是，益菌跟人一樣，也要有好的食物才會變得更強壯，而讓體內益菌頭好壯壯的食物就是「膳食纖維」。因為現代飲食精緻化，膳食纖維愈吃愈少，阿公阿嬤小時候是吃飯配菜、啃

布吉納法索

有普雷沃氏菌、木聚糖菌

義大利

沒有普雷沃氏菌、木聚糖菌

地瓜當點心，大魚大肉只出現在過年過節；現代是天天有魚有肉、不時再來杯飲料、零食與速食，少了很多穀類蔬果，多了很多的肉類與加工品，膳食纖維當然不夠囉！所以營養專家才不斷宣導要吃「原型」食物，天然的最好。

膳食纖維只存在植物中，它是植物細胞壁與細胞間質的成分，不能被人體消化，分成水溶性與非水溶性。非水溶性纖維偏粗，主成分是纖維素、木質素，含量豐富的食物如全穀類與根莖葉菜類，可以增加糞便體積，促進腸道蠕動、降低大腸癌風險、預防便祕；而水溶性纖維偏黏，主成分包括果膠、植物膠、半纖維素類，含量豐富的食物如木耳、愛玉、仙草、燕麥、蘋果、柑橘、蕈菇、海藻等，除了可增加飽足感、延緩血糖上升外，在大腸中的細菌會將水溶性纖維轉變為短鏈脂肪酸，讓腸內維持酸性環境，促進有益菌生長。

益菌的食物、能幫助益菌生長的物質，我們稱為益菌生，除了膳食纖維，另外由 3 至 10 個單醣結合而成的寡糖類也是很好的益菌生喔！寡糖多半存在洋蔥、牛蒡、蘆筍、大豆、大蒜、香蕉等食物中，它也有類似水溶性纖維的功能。

給我寡糖，一起幸福吧～

和細菌互利共生

膳食纖維讓大家幸福喔！

另外提醒大家，健康的飲食不能三天打魚、兩天晒網。高纖飲食會改善體內的菌群，但不是永久的，必須持續高纖飲食，才會讓益菌一直有食物吃！衛生福利部建議國人每天的膳食纖維攝取量為 25 到 35 克，雖然我們無法肉眼辨別與計算食物的膳食纖維含量，但原則就是多吃植物，2018 年的「國民飲食指標」也表示「三餐應以全穀雜糧為主食」、「多蔬食少紅肉，多粗食少精製」。

在演化過程中，有些生命體會相互合作獲得好處，我們提供細菌住的地方，細菌幫我們更健康，所以細菌與人是互利共生的，別以為所有細菌都是不好的，想把它們趕盡殺絕，你應該把對你身體有益的細菌，當做萬人迷都敏「菌」、裴勇「菌」一樣的照顧擁護，讓它們成為你生命中不可或缺的夥伴。㊢

作者簡介

Sammi　不小心考上營養系，為了給爹娘一個交代，不能成為「密營養師」，拚了命也要考上營養師執照，當了好幾年的營養師漸漸體會到，營養是生活、生命的一部分啊～只要好好過生活，生命就會很營養！

圖片來源：freepik，繪圖：莊雅涵

促進腸胃健康你可以這麼做

細嚼慢嚥：讓大腦有足夠的反應時間，知道你飽了，比較不會暴飲暴食而造成腸胃負擔。

多運動：鍛鍊排出便便的力量，不運動的人腸道蠕動有氣無力；有了強壯的腹肌和健康的腸道蠕動，就可輕鬆排便。

補充益生菌：喝優酪乳、吃優格等可以預防消化不良或排便不順。但想要讓益生菌停留在身體久一點，必須給它足夠的膳食纖維或寡糖。

健康飲食：照顧你的腸道菌

國中生物教師　劉彥民

關鍵字：1. 細菌　2. 共生　3. 健康

主題導覽

在日常生活中當我們聽到細菌時，難免會皺起眉頭，深怕一個不小心就會被細菌感染，導致各種可怕的疾病發生在我們身上。但事實上，人體的裡裡外外本來就分布著各式各樣的細菌，而且數量之多超乎你的想像，其中細菌密度最高的地方就在我們的腸道內。

細菌是一種沒有細胞核及膜狀胞器的單細胞微小生物，構造非常簡單，它們跟人類共生了數百萬年，已經形成一種互利共生、不能沒有彼此的關係，甚至有科學家把腸道菌列為人體必要的組成。因為一旦體內腸道菌不健康，我們就會跟著生病，而保持腸道菌健康的主要方法就是在飲食上下功夫，多攝取膳食纖維以及天然的食物，避免過多的加工食品，才能保持腸道菌在平衡的狀態，防止壞菌趁虛而入。

挑戰閱讀王

看完〈健康飲食：照顧你的腸道菌〉後，再讀讀後面的「延伸閱讀」，並請你一起來挑戰下列問題。答對就能得到👍，奪得 10 個以上，閱讀王就是你！加油！

（　）1. 下列哪一個不是細菌的特徵？（這一題答對可得到 2 個👍哦！）
　　　①是單細胞生物　②沒有細胞核
　　　③沒有膜狀胞器　④細菌只能在人體內存活

（　）2. 下列哪一種細菌不是平常共生在我們人體的細菌？
　　　（這一題答對可得到 2 個👍哦！）
　　　①丙酸桿菌　②胃幽門螺旋菌　③肺炎鏈球菌　④大腸桿菌

（　）3. 不同的細菌喜歡居住的人體部位不一樣，請問哪個選項配對才正確呢？
　　　（這一題答對可得到 2 個👍哦！）
　　　①丙酸桿菌——口腔　②變形鏈球菌——胃
　　　③大腸桿菌——小腸　④幽門螺旋菌——大腸

（　　）4.以下有關人體細菌與可能造成的疾病配對哪一個才是正確的呢？

　　　　（這一題答對可得到 2 個👍哦！）

　　　　①丙酸桿菌——牙周病　②變形鏈球菌——皮膚發炎

　　　　③大腸桿菌——腹瀉　④幽門螺旋菌——血便

（　　）5.有關人體與細菌共生的敘述，哪一個比較正確？

　　　　（這一題答對可得到 2 個👍哦！）

　　　　①細菌只會帶給人體壞處，一點好處都沒有

　　　　②腸道細菌可以防止外來的壞菌在人體內增生

　　　　③要想避免壞菌的生長，只要注意飲食的控制就好

　　　　④身體只要沒有細菌就一定能保持健康

延伸思考

1.我們在媽媽的肚子裡時是保持無菌的狀態，為什麼出生後身上會多出那麼多細菌，

　這些細菌是從哪裡來的？

2.與人體共生的細菌還可以提供給我們哪些好處呢？

3.生活在我們身上的細菌到底有多少，有沒有辦法可以計算出來呢？

4.為了保持體內有益的腸道菌健康生長，我們還可以做到哪些事情？

延伸閱讀

　　細菌早在人類尚未出現的 38 億年前就已經出現在地球上，由於地球上有許多別具特色的環境，所以孕育出各式各樣的細菌。人體從頭到腳、從裡到外也有許多不同的環境。

　　在人體乾燥的皮膚沙漠中居住著一種丙酸桿菌，會以人體毛孔分泌的油脂做為食物來源。通常在青春期發育時，因為荷爾蒙分泌旺盛，皮脂腺大量分泌油脂，此時丙酸桿菌就會大量繁殖，導致皮膚出現發炎反應，長出討人厭的青春痘。

　　口腔則是像沼澤一般的濕地，棲息在此的是血型鏈球菌和變形鏈球菌，每當我們大快朵頤，殘留在口腔中的食物殘渣就是鏈球菌的大餐。這些鏈球菌為了可以安心的住在口腔內不受到人體咀嚼時的影響，會分泌一種具有黏性的蛋白質，將自己緊緊的黏在牙齒表面，同時把血球、食物殘渣、口腔皮膜組織等通通黏在一起，形成我們常聽到的牙菌斑，導致齲齒或是牙周病等問題。

　　如同強酸溫泉一般的胃，屬於強酸環境，大部分外來的細菌幾乎都會在這個地方被消滅。但有種特別的胃幽門螺旋菌卻能生活在此，它會利用尿素酶分解胃中的尿素，並藉由分解後的產物和胃酸進行酸鹼中和，使得周遭的環境不至於太酸。但胃幽門螺旋桿菌太多時，會導致人體的胃部出現潰瘍的症狀，若沒有適當治療，可能引發胃出血、胃穿孔，嚴重的話甚至會導致胃癌。

　　對細菌來說，小腸簡直是天堂，不僅溫暖、潮濕，又有充足的養分源源不絕供應，在此生活的細菌種類高達千種，其中甚至有七成是我們前所未知。小腸中常見的細菌是乳酸桿菌及大腸桿菌，它們喜歡棲息在小腸的皺摺當中，並且伺機將小腸消化分解過的養分偷走。大腸裡居住的細菌比小腸更多，每毫升就有上億個細菌，主要是擬桿菌門以及厚壁菌門的細菌，當然也包括大腸桿菌，不過跟我們在新聞上聽到的致病性大腸桿菌並不相同，致病性大腸桿菌來自外界不乾淨的食物，而且可能會導致腹瀉以及血便。

看見細胞的發明大王 虎克

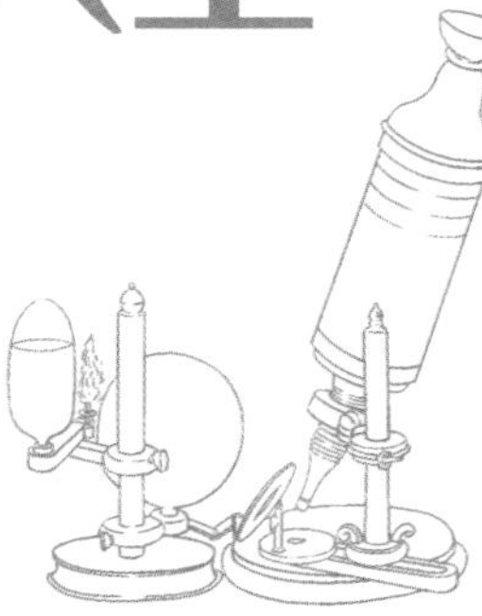

虎克是英國博物學家、發明家。他發現了彈簧的受力和伸長的長度成正比的「虎克定律」，也設計出第一臺複式顯微鏡，並且以顯微鏡發現了「細胞」，更是早期探索萬有引力的科學家之一。虎克一生貢獻的成就很多，在英國人民的心目中，他的地位與達文西無異。

撰文／水精靈

繪圖：楊綠早

1635年，虎克出生在英國南方的威特島，島上有一座嚴密管理的監獄，專門關重大罪犯，天然而原始的環境，就如同臺灣的綠島。他的父親是當地一所小教堂的牧師，一家人過著非常窮困的生活。體弱多病的他，自小就與貧窮、偏僻、罪犯、孤島為伍，因此對「受苦」有深刻的體驗，常常反覆思考著，上帝的愛在哪裡？一個為上帝犧牲的家庭，為何要遭受如此對待呢？

一生的轉捩點

在虎克 13 歲時，父親過世了。臨終前父親將畢生的積蓄 100 英鎊交到虎克的手中，要他前往倫敦找一位肖像畫家萊利爵士拜師學藝。後來萊利爵士收虎克為學徒，並教導他如何修復古代的陶器與名畫等藝術品。虎克學到一副精巧的手藝，為日後做實驗與發明儀器打下基礎。

經過一年短暫的學徒生涯之後，虎克進入西敏公學就讀。校長注意到虎克精湛的工藝

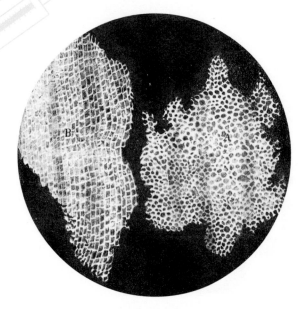

▲虎克用顯微鏡觀測軟木塞的薄片，並將之命名為「細胞」，為生物學開啟了全新的觀點。這張圖就是虎克當年留下來的手稿喔！

技術，不只幫他免除了學費，兩人還成為好友。虎克一邊學習拉丁文、希臘文和數學，一邊學習演奏風琴。1653 年，虎克得到牛津大學教堂的唱詩班的工作，並且開始擔任化學教授威里斯的助手。

助手也能出頭天

可惜此時父親留給他的錢已經用光了，他不想向別人借貸，只好當起學校的工友，甚至幫有錢同學跑腿。即使如此他也沒有荒廢學業，反而趁著打掃的時間，順便旁聽教授的上課內容。

1655 年，化學家波以耳受邀前往牛津大學設立實驗室。由於虎克認真又好學的態度，讓威里斯教授印象深刻，在他的推薦之下，波以耳決定將虎克留在身邊擔任研究助手，從此開啟了虎克漫長的實驗生涯。

波以耳當時正在研究氣體體積與壓力的關係，虎克協助他改進當時的氣壓幫浦，來進行氣體的壓縮性實驗。1662 年，波以耳根據實驗結果提出了「波以耳定律」，即在定溫下，密閉容器中的定量氣體之體積與其壓力成反比。

當波以耳發表這項氣體定律時，對虎克的貢獻讚不絕口。由於他具有高超的實驗與設計能力，在皇家學會會長和波以耳的提議下，虎克成為了皇家學會的實驗負責人。他的工作是維護儀器設備、驗證和示範實驗。1663 年，虎克成為該學會的正式會員。

在顯微世界看見上帝之美

1665 年，虎克根據皇家學會一位院士的

圖片來源：Wikimedia Commons

虎克小檔案

出生
1635 年出生於英國南方威特島上一位貧窮牧師的家庭。

13歲
父親不幸去世，虎克前往倫敦，成為畫家萊利爵士的學徒。

14歲
離開畫室進入西敏公學求學。

18歲
進入牛津大學當起雜工。

▲虎克手繪的跳蚤圖,筆觸非常細緻。

◀虎克委託儀器工匠製做的顯微鏡,他就是用這臺顯微鏡觀察並繪製出《顯微術》書裡的插畫。

資料,設計了一臺複式顯微鏡,並交由當時倫敦著名的儀器工匠考克製造。有一次,他使用這臺顯微鏡觀察軟木塞薄片時,看到許多蜂窩狀、中空的小格子,覺得形狀類似教士們所住的小房間,於是他便稱這些小格子為「細胞」(cell,取自拉丁文 cella,小房間的意思),這是人類史上第一次成功觀察細胞,為人們對生物體的結構研究帶入全新的視野。

同年虎克出版了《顯微術》一書,書中介紹了能夠放大到 140 倍的複式顯微鏡,還把自己在顯微鏡下觀察到的動植物,大量繪製成插圖,放入書中。這些插圖繪製得相當漂亮和精確,其中最有名的一張插圖,畫的是一隻跳蚤,跳蚤的甲殼、長腿與細毛都畫得鉅細靡遺。

為此,他忍不住驚嘆:「我所見的不只是一種藝術的美,而是一種神聖之美,一種信仰之美!」他畫出了顯微鏡底下,人眼從未看過的奇妙世界!

童年時的虎克曾經為上帝的不公平而忿忿不平;如今,一隻小小的跳蚤卻透過顯微鏡,深深的感動了 30 歲的他,讓他再度回到上帝的面前。

20歲
擔任化學家波以耳的研究助手。

27歲
被推薦成為英國皇家學會的實驗負責人。

30歲
發明了複式顯微鏡,並且以顯微鏡發現了細胞。

41歲
擔任皇家學會的祕書,工作繁忙。

68歲
辭世。

大火之後，重建倫敦

1666 年，倫敦發生了一場世紀大火，燒毀了當時為黑死病所苦的倫敦市。虎克被任命為城市測量員，負責災害狀況的調查和統計。在此期間，他與負責建築物重建的雷恩爵士成為好友，二人並肩工作，一同把倫敦市從廢墟中重建起來。

虎克製造了測量高度的儀器，又以土木學的技術協助設計了高 61.5 公尺、共 311 階的倫敦大火紀念碑，並重新設計著名的聖保羅大教堂與格林威治天文臺等建築物。虎克出類拔萃的設計能力，展現了做為一位建築師的才能。

發現彈簧裡的祕密

虎克曾在高山、平地與礦坑中測量同一物體的重量，希望能找出物體隨著與地心距離的不同而有重量上的變化。

他想到以前使用彈簧秤重的情況，心想：「用力拉彈簧，可以將它拉長；若是知道彈簧長度和拉力的關係，不就可以利用彈簧測出地球對物體的吸引力嗎？」於是他找了一條彈簧，上頭掛上不同重量的砝碼，並記下彈簧拉伸的長度。

1678 年，他公布了這項偉大的發現：彈簧的伸長量和掛物的重量成正比。後人稱它為「彈性定律」，也稱為「虎克定律」。這項看似簡單的定律，至今仍被廣泛運用。

意見不合，槓上牛頓！

虎克在科學上傑出的表現，讓他結交到許多好友，然而他卻與另一位著名的天才彼此存有敵意，那人便是被蘋果打到頭、發現萬有引力的牛頓。

雙方充滿煙硝味的關係，起源於對光的本質的爭論。在《顯微術》一書中，虎克提出光是一種波動，然而牛頓則傾向認為光應該是一種粒子。

1672 年，牛頓在皇家學會發表對光的見解時觸怒了虎克，遭到虎克毫不留情的批評，牛頓反譏虎克完全沒有

我有問題！

什麼是虎克定律？

虎克定律是指固體材料受力之後，材料的變形量和所受到的力成正比。舉例來說：如果用 10 公克重的力拉彈簧，可以讓它伸長一公分的話，那麼用 20 公克重的力拉彈簧，就可以讓它伸長二公分。

理解這一重大發現的意義。之後在另一篇探討光與顏色的論文裡，牛頓再次批評虎克的觀點，讓虎克更加不悅。

至死不休的論戰

1674 年，虎克根據物體圓周運動的向心力定律，與克卜勒的行星運動定律，提出三個假設，涵蓋了萬有引力的一切問題。

牛頓看到了虎克提出的三個假設，立刻寫信給虎克，說自己才是提出平方反比定律的人，虎克一看，不禁怒火中燒，馬上加以反駁，說明自己雖然沒有在一系列的實驗中證實，但是早在 1660 年就有這樣的想法，所以牛頓應該用「引述」才對。兩人展開了瘋狂的筆戰，互相毀謗對方，喚戰神必備的文字：代 PO、勿戰、科科、理性、優質、勿噓，也全都用上。

有一次牛頓回信給虎克：「我可是站在巨人的肩膀上，所以看得更遠！」一些學者認為這句話是在對虎克的嘲諷，意思是說，「我會使用克卜勒定律與微積分公式，你的數學能力根本就 low 到不行，怎麼算得出橢圓軌道？」

牛頓對虎克的仇恨值高到破表，甚至在虎克去世後仍是恨意滿點。在牛頓接任皇家學會會長後，命令取下了虎克的肖像，還試圖銷毀虎克親手設計的器具和手稿，這幾乎讓虎克被歷史遺忘了 200 多年……。

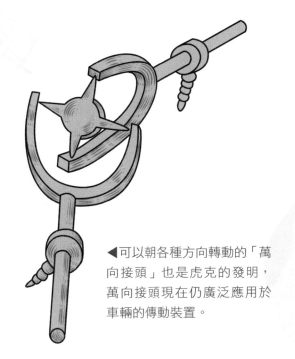

◀可以朝各種方向轉動的「萬向接頭」也是虎克的發明，萬向接頭現在仍廣泛應用於車輛的傳動裝置。

儘管他們在光學與力學上有不少的爭論，但也促使科學向前邁進一大步。

孤單沉默的晚年

1677 年，虎克接任皇家學會祕書。繁忙的工作、皇家學會拖欠的薪水以及和牛頓之間的爭論，使得虎克變得近乎憤世嫉俗。他凌晨四點睡覺，早上七點起床，深夜經常一個人出去閒晃。在他的恩師兼好友波以耳去世之後，他變得更沉默孤僻。

虎克終身未婚，晚年時，因糖尿病的關係雙眼失明，不良於行。最後在 1703 年 3 月 3 日，走完了他的生命旅程。科

作者簡介

水精靈　隱身在 PTT 裡的科普神人，喜歡以幽默又淺顯易懂的方式與鄉民聊科普，真實身分據說是科技業工程師。

繪圖：楊綠早

看見細胞的發明大王——虎克

國中生物教師　江家豪

關鍵字：1.虎克　2.複式顯微鏡　3.細胞　4.虎克定律　5.牛頓

主題導覽

　　虎克出生在英國的一個小島，跌跌撞撞的成長歷程造就了他精彩的人生，他所參與的多項研究與各式各樣的發明，在物理學、生物學領域都有著重要貢獻。他改良設計了複式顯微鏡，讓後世的科學家可以觀察到微觀的世界，以至於在細胞領域的研究有了大大的突破；他利用彈簧秤重，發現了伸長量與重量成正比的關係，所提出的虎克定律至今仍被廣泛運用。雖然虎克後期與另一個偉大科學家牛頓在科學上爭論不休，加上疾病纏身，讓他的晚年相對淒涼黯淡，但他為科學帶來的貢獻，卻依舊閃閃發光。

挑戰閱讀王

看完〈看見細胞的發明大王——虎克〉後，請你一起來挑戰以下三個題組。

答對就能得到👍，奪得 10 個以上，閱讀王就是你！加油！

◎根據文章的描述，請回答下列關於虎克生平事蹟及貢獻的問題：

（　　）1.下列何者並非虎克的貢獻？（這一題答對可得到 1 個👍哦！）

　　　　①提出彈性定律　②提出細胞學說

　　　　③設計格林威治天文臺　④設計複式顯微鏡

（　　）2.虎克第一次觀察到「細胞」時，是在顯微鏡下觀察何種物品？

　　　　（這一題答對可得到 1 個👍哦！）

　　　　①軟木塞　②跳蚤　③葉下表皮　④彈簧

（　　）3.虎克與下列何人的關係有誤？（這一題答對可得到 1 個👍哦！）

　　　　①他是牛頓研究的合作夥伴　②他是萊利爵士的學徒

　　　　③他是波以耳的學生　④他是威里斯的研究助手

（　　）4.下列何者是虎克的經歷之一？（這一題答對可得到 1 個👍哦！）

　　　　①美國國家科學會負責人　②提出了偉大的相對論

　　　　③以複式顯微鏡發現了細胞　④波以耳的啟蒙恩師

◎虎克的重要貢獻之一為彈性定律，試著利用文章內容回答問題：

（　）5.關於彈性定律的重點，是彈簧的伸長量和何者成正比？

（這一題答對可得到 2 個👍哦！）

①體積　②密度　③重量　④溫度

（　）6.根據彈性定律，一彈簧懸掛 5 克的砝碼時長度為 10 公分，懸掛 10 克砝碼
時長度為 12 公分，則懸掛 25 克砝碼時，長度應該為幾公分？

（假設未超過彈性限度，這一題答對可得到 2 個👍哦！）

①14　②16　③18　④20

◎細胞的研究歷程：

雷文霍克觀
察到細菌

許旺許萊登提
出細胞學說

李善蘭將cell
翻譯為「細胞」

華生、克里克
發表DNA結構

1665年　　　　　　　　　　　　　　　　　　　　　　　　　　　　2020年

虎克觀察軟木
塞，發現細胞

布朗率先對細胞
核做詳細描述

菲可補充細胞由
原細胞分裂而來

魯斯卡建立第一台
穿透式電子顯微鏡

馬古利斯發表
內共生假說

※ 虎克觀察到的細胞，實際上是死亡的細胞，他觀察到的僅是細胞壁的部分。
※ 第一個觀察到活細胞的科學家為雷文霍克。
※ 細胞學說認為生物體皆由細胞及其衍生物所構成。
※ 國父孫文將cell翻譯為「生元」。
※ 內共生假說認為粒線體及葉綠體都曾是一種原核生物，與細胞共生後演變為胞器。

（　）7.關於細胞發現歷程的敘述，何者正確？（這一題答對可得到 1 個👍哦！）

①虎克最早發現細胞核的存在　②細胞壁比細胞核更早被觀察到

③虎克將 cell 翻譯為細胞　④布朗發現細胞核同時描述了 DNA 的結構

（　）8.細胞學說的內容為何？（這一題答對可得到 2 個👍哦！）

①生物體皆由細胞所構成　②所有細胞都有細胞核

③定義 cell 的中文翻譯為細胞　④所有物體都由細胞構成

（　）9.最早觀察到活細胞的科學家是下列何者？（這一題答對可得到 1 個👍哦！）

①虎克　②布朗　③孫文　④雷文霍克

延伸思考

1. 如果當年虎克沒有設計出複式顯微鏡並發現細胞，你認為細胞的研究歷程將有什麼改變？

2. 虎克與牛頓在光的研究上有重大衝突，虎克認為光是一種波動，牛頓卻認為光是一種粒子；查查看，根據現今科學研究的成果，誰才是對的呢？

3. 除了文章提及的事物外，虎克還有什麼特殊的科學發現或研究呢？

4. 近幾年科學界對細胞的研究有什麼新進展？

5. 想想看，虎克提出的彈性定律可運用在生活中哪些地方？

金門的生態大使 水獺

身為金門生態大使的水獺，除了擅長賣萌，
還有一身的好本領喔！

撰文／翁嘉文

圖片來源：達志影像

若提到金門，第一個浮現你腦海的想法會是什麼呢？是守衛家園的砲彈遺址？用歷史鑄成的菜刀？鎮風避邪的風獅爺？還是集金門特殊地理位置與氣候條件而釀造成的絕品高粱？除了這些人文歷史特色外，千萬不要忘了金門三寶（鱟魚、栗喉蜂虎、水獺），尚在累積知名度的牠們也是金門特色的超值選項喔！

其中，水獺更在數年前由金門縣政府觀光處舉辦的「樂遊金門，生態大使選拔」活動中，以高票擊敗鱟魚、戴勝、栗喉蜂虎和鸕鶿等四位對手，榮獲金門生態大使的封號，肩負起推廣生態保育的重責大任。能夠勝任這麼艱辛的任務的動物應該是迷人又特殊，就讓我們一起看看這位生態大使具有什麼樣傑出的本領吧！

水獺海獺一家親

首先，讓我們從外觀認識水獺。牠不像獅子、大象、鯨魚這類大家耳熟能詳的動物，只要一提到水獺，人們腦中不知閃過幾百張圖像，是那隻拿著貝殼浮在海面敲啊敲的小動物？或是在河道兩岸辛苦築著水壩的胖胖建築師？（搞錯啦！快把畫面擦掉！）

事實上，你可能早看過水獺而沒有發覺，像是熱門動畫《動物方程式》裡，發狂、失蹤的一號角色獺密特先生；或是《哈利波特》中，角色妙麗的護法，都是本篇的主角——水獺。

賣萌動物家族

水獺是哺乳動物中的食肉目，屬於貂科，獺亞科。現存獺亞科約有 13 種，生活於亞洲的有五種。像是分布最廣的歐亞水獺，在歐、亞、非等大陸皆可看見牠的蹤跡，大家最常直接稱為「水獺」；還有出沒於東南亞等濕地區域的小爪水獺，以及在印尼、馬來西亞等國比較常見的毛鼻水獺，或是生活在印度、東南亞一帶的印度水獺，最後一種就是最惹人憐愛，曾在動畫《衝浪季節》裡擔任經紀人雷大砲一角，總喜歡浮在海面上拿

眼睛
潛水時，有透明薄膜可以保護眼睛。

耳朵
短小，耳道有瓣膜，潛水時可關閉，避免進水。

鼻子
鼻孔有瓣膜，潛水時可關閉，避免進水。

腮鬚
具有觸覺的作用。

濃密的毛髮
分內外兩層，內短外長，內層防水，外層保護。

尾巴
細長型。

腳趾
除了有尖爪外，趾尖有蹼膜，能幫助游泳。

著石頭敲敲貝殼的海獺，牠們最常出現的區域是美國加州、阿留申群島、日本和俄國等的寒冷海域。

以歐亞水獺為例，牠們背部大多呈現較深的褐色，腹部顏色則稍淡，體長與體重部分，依雌雄與年齡的不同而有差異，成獸體長介於70至80公分，尾巴長度大約40至50公分，完整身長可達1公尺多；體重差異較大，5到15公斤不等，壽命則約為15年。

水獺大約二歲時性成熟，可以開始傳宗接代，但牠們並沒有特定的發情季節，一年四季都可以繁衍。懷孕的時間約二個多月（60至70日），通常一胎會有2到4隻幼獸。小水獺會與母親一起生活大約一年，等學會捕魚餵飽自己之後，才正式獨自生活。

水獺、海獺分不清？

嘿嘿！你發現疑點了嗎？原來水獺與海獺根本是一家人啊！或者該說，海獺是水獺亞科下的一個「類別」更為貼切。難怪牠們長得那麼像！都有著扁平頭型，幾乎看不見的頸部，且不論雌雄都留著滿口腮鬚，外加

圖片來源：達志影像

我有問題！

水獺不會築水壩？

在河道兩岸辛苦築著水壩的胖胖建築師不是水獺，是河狸（或稱海狸）。河狸最著名的，除了像船槳般扁平、厚實的尾巴以外，就屬嘴巴前方那對強又有力的門齒最引人注目了，牠跟我們生活周遭的好朋友老鼠（咦？誰跟牠好朋友？！）一樣，都屬於齧齒類，素食主義的牠們可與無肉不歡的水獺大不相同呢，別再搞混啦！

尾巴扁平

上充滿喜感的五官，以及小巧的耳朵和細長的尾巴，還有兼具設計感的流線型身軀，最後再搭上短小卻帶有鋒利爪子的四肢，要辨識出水獺與海獺，還真要有兩把刷子。

水獺與海獺最明顯的不同應該是生活區域了。海獺顧名思義就是一輩子生活於海中，無論出生、交配、生產到養兒育女，都在海中進行，牠們鮮少上岸覓食或行動，也無怪乎牠漂浮海面的形象如此深植你我的心了，其他食肉目的夥伴們大概都會對牠的適應能力甘拜下風吧！

潛水伕的祕密武器

水獺雖然不像海獺一樣天天窩在海裡，但牠的生活也和水脫離不了關係。水獺是半水棲性的動物，不但擅長游泳，也能夠在陸地上靈活行走，活動力相當驚人。牠們的主食通常以魚類為主，蝦蟹等甲殼類也是平時的菜單選項，有時候連靠近水邊的昆蟲、青蛙，甚至是小型鳥類，牠們都不忌口。

為了適應這種半水棲生活，水獺全身上下的構造都有些過人長處，像極了將潛水裝備隨身攜帶的職業潛水伕們。

一身防寒潛水衣

首先是水獺流線型的身軀，與革龜一樣，平順的曲線造型都是為了減緩水中的阻力，讓水中的行動更加流暢；但水獺的皮膚並不像革龜一樣光滑，牠們身體上布滿濃密防水的毛髮，像馴鹿一樣分為內外兩層，內較短、外稍長，內層貼身而緻密的細軟絨毛能夠防水，讓空氣可以被鎖住，加上外層較長毛髮的保護，像是穿上羽絨衣一樣，可以維持水獺皮膚表面的乾燥，保持溫暖。此外，這些毛髮保有的小氣泡也增加了浮力，讓水獺的水中活動更加輕鬆；即使到了陸地上，這身皮毛也能夠充分保護皮膚。由此可見毛髮對水獺的重要性，所以水獺一有時間就會仔細梳理自己的皮毛，保持毛髮的清潔，因為若是被油汙汙染，無法保持體溫、影響了水中活動，便會造成危害。

自備鼻夾、耳塞與面鏡

除了像是防寒潛水衣一樣保暖、又能減低水阻的特殊體表外；因為水獺的獵食習性，牠們可以潛藏在水中達五分鐘之久，某些外露的器官，像是水獺小巧的耳朵、精巧的鼻

你知道嗎？ 水獺游泳的時速大約是 9.6 到 11 公里，與皇帝企鵝的紀錄相近呢！

子，以及咕溜溜的眼睛，都需要特殊的保護。牠的耳道和鼻孔具有瓣膜，在潛水時能暫時封閉，防止水流灌入；眼睛上的透明薄膜則可以避免潛水時被水中漂流的枝條、雜物刺傷，卻又不失去在水中辨識物體的作用。

蹼膜當蛙鞋

介紹到這兒，水獺著實像是全副武裝的專業潛水伕了吧！誒！等等，似乎還少了一樣。雖然水獺沒有誇張如你我腳上的潛水蛙鞋，但牠勇健的四肢上都各具有五趾，無論前肢還後肢，各個趾間都具有蹼膜，滑起水來更加有勁。此外，身為專業的肉食主義者，水獺還隨身備有「魚叉」，也就是牠們鋒利的爪子，只要抓準時機，到處都可以是

圖片來源：達志影像

我有問題！

水獺住哪裡？

注重隱私的水獺喜歡在較隱蔽的地方居住，像是遮蔽性高的水邊洞穴、樹叢、巨大的樹根、石頭土堆、漂流木堆、坍塌的堤防、鮮少人煙的涵管或是其他動物遺棄的地洞等等，都是牠們可能的居住地點，若真不滿意，牠們也會自己動手挖一間美房喔！

牠們的餐桌。

這些專業的配備讓牠游泳本領功力大增，甚至到了陸地也毫不遜色，除了騎腳踏車的本領有待加強之外，水獺簡直就是鐵人三項的明日之星！

水獺的困境

　　雖說水獺看似具有稱霸水域生態系的好本領，且目前世界上有 13 種獺亞科，但其實有一半以上的物種已經在 IUCN 國際自然保護聯盟的紅色名錄中被歸為受威脅等級的物種，臺灣也已經立法將歐亞水獺列為一級保育類野生動物。

　　由於食肉的水獺是水域生態系中，位於食物鏈最頂端的高級消費者，一旦與牠們生活息息相關的水質受到油汙、重金屬、有毒或任何化學物質的汙染，牠們往往是最敏感且最先消失的物種。因此，水獺對於水域環境，無疑是極為重要的指標物種。

　　據了解，經濟急速發展後，臺灣最後一隻水獺是在 1989 年於楠梓仙溪被發現（天啊！你都還沒出生呢……），至今 30 多年，臺灣本島未再發現水獺的蹤跡，目前推測只剩金門還有較穩定的族群生存著，僅存百隻左右的稀少數量讓水獺保育的重擔顯得更加沉重。

只聞其味不見其影

　　為了搶救瀕危水獺，科學家必須先了解水獺的族群大小與分布情況。對於只能聞得其味，卻不見其影的水獺而言，這可不是件容易的差事。

　　由於水獺是獨居型動物，除了育幼時期可以見到母子和樂融融的景象外，牠們通常獨來獨往，經常在水質清澈無汙染，且食物豐富的海岸、溪流、湖泊、沼澤等水域出沒；以國內觀察較詳盡的歐亞水獺為例，日間牠們多會在沿海地區活動，入夜以後才會轉至淡水湖泊或溪流區域來清洗毛髮以及覓食。

　　水獺具有高度領域性，而且牠們的領域範圍通常都是沿著水域，所以多為長條型；領地的範圍從 1 到 40 公里不等，通常在 18 公里左右，與食物供應的豐沛程度，以及適合獵食的河流寬度有關。每個晚上，牠都會循著相同路徑，沿著河道、溝渠、涵洞或是沿岸樹林，穿越一個又一個水池、湖泊，

咦！這是誰的腳印？

　　歐亞水獺成獸的足印（包含肉墊）長寬相當，大約是 5.5 ～ 6 公分。水獺的五趾與爪印的形狀很像是水滴，趾間蹼印大約位在趾墊的二分之一處，腳跟的部分不常被印出，因此與狗的足跡很像，容易搞混。

　　比較關鍵的辨識技巧在於，狗的足跡為四趾，且較為對稱；水獺為五趾，且不對稱。更專業的辨識則可以從掌墊的形狀、足跡的重疊交錯程度、腳印距離等方面來判斷。

往返自己的地盤仔細巡視，一個晚上下來，走上數十公里根本就是家常便飯。

雖然管理的領地距離遙遠，但由於水獺個性相當敏感，牠們會透過滿口腮鬚的觸覺作用，辨別環境中微小的訊號，在視線不佳的深夜或充滿泥濘的水池中，迅速的逃、躲、藏，以保護自己的安全，因此要見到牠們真是需要一點運氣。

低調的水獺也許不方便拋頭露面，但總得想點法子來保衛這麼一大片距離遙遠的領地，謹慎的牠們和其他貂科動物一樣，會直接在領地附近留下顯著的標記物，這是相當具警告意味的宣示做法。因此，水獺常常選擇水域周圍較空曠處的石頭，或是在任何突出的物體上留下明顯的排遺或是吃剩的食物，做為警告；有時若找不著喜愛的凸臺，水獺也不吝於自己扒一個專屬小土堆呢！

由於水獺以魚蝦為主食，想當然爾水獺的排遺裡必定含有大量不易消化的魚鱗、蝦殼等等物質，且通常會帶有黃褐色至黑色的黏液，有時可能只有黏液，不帶固體物質。無論何種，水獺留下的記號都帶有一種「腥」味，有人喜歡（誰啊？！），有人不喜歡，但絕對十分腥臭，過「鼻」不忘！

這股味兒倒成了研究人員的線索，也許無法見到本尊，但靠著追蹤便便，也算有了尋找水獺的第一條線索。除此之外，水獺的足跡也是研究人員積極尋找的目標之一，但只有在濕軟度適當的泥砂地上才能夠留下較清楚可辨識的腳印，因此研究過程也都是十分艱辛。

全民一起保護「獺」

為了讓下一代、下下代的人們都還能欣賞到水獺，現在就應該一起來保護牠。由於金門是臺灣目前尚知還有野生歐亞水獺活動的地區，也是研究人員研究與保育的黃金區域，因此全民保育水獺的第一站，絕對非金門莫屬。金門國家公園管理處建構了「全民來找獺」的通報平臺（http://goo.gl/f6ENNU），希望各位偵探家好好施展本領，一起找找獺的蹤跡，隨時提供歐亞水獺的現況，做為之後擬定保育策略的參考、依據。

此外，臺灣首位研究歐亞水獺的學者李玲玲教授及其團隊，也在臉書上創建了「水獺生活頻道 Otter Life Channel」，不僅為大家隨時更新水獺保育活動的相關消息，也提供了很多與水獺相關的知識。除了增長見聞以外，更期待保育能夠落實你我生活，成為真正的全民運動！ 科

作者簡介

翁嘉文　畢業於臺大動物學研究所，並擔任網路科普社團插畫家。喜歡動物，喜歡海；喜歡將知識簡單化，卻喜歡生物的複雜；用心觀察世界的奧祕，朝科普作家與畫家的目標前進。

金門的生態大使：水獺

國中生物教師　江家豪

關鍵字：1. 歐亞水獺　2. 潛水　3. 高級消費者　4. 一級保育類

主題導覽

　　水獺屬於貂科獺亞科的哺乳動物，身為水域生態系的高級消費者，牠們影響了整個生態系統的運作，然而獺亞科中大約有一半以上的物種在 IUCN 國際自然保護聯盟的紅色名錄中被列為受威脅物種。分布在臺灣的歐亞水獺也因為棲地破壞、環境汙染的關係數量極為稀少，在臺灣本島幾乎絕跡，僅在金門有較為穩定的族群，但也不過百隻左右，因此被歸為一級保育類野生動物。為了讓下一代的人們還能欣賞水獺，現在就應該落實做好保育工作喔！

挑戰閱讀王

看完〈金門的生態大使：水獺〉後，請你一起來挑戰以下四個題組。

答對就能得到👍，奪得 10 個以上，閱讀王就是你！加油！

◎水獺屬於水域生態系中的重要消費者，請你根據水獺的形態特徵及習性，回答下列問題：

（　）1.水獺為了潛水，有許多生理構造上的適應，下列何者並不是水獺的特徵？

（這一題答對可得到 1 個👍哦！）

①眼睛有透明薄膜　②用鰓呼吸　③耳道有瓣膜　④趾間有蹼膜

（　）2.水獺是生態中的消費者，下列哪一種食物並非水獺的主食？

（這一題答對可得到 1 個👍哦！）

①溪魚　②蝦蟹　③青蛙　④浮游藻類

（　）3.關於水獺和河狸的比較，下列何者正確？（這一題答對可得到 1 個👍哦！）

①水獺尾巴細長，河狸尾巴扁平

②水獺為齧齒目，河狸為食肉目

③水獺為草食性，河狸為肉食性

④水獺屬水域生態系，河狸屬草原生態系

（　）4.水獺足跡是研究水獺的重要訊息，關於水獺腳印的描述何者正確？

（這一題答對可得到 1 個👍哦！）

①腳跟痕跡明顯　②趾間蹼膜的痕跡位在趾墊後方

③有五個趾印　④成獸足印寬 10 公分以上

◎根據文章中描述水獺面臨的生態危機，回答下列問題：

（　）5.下列何者並非水獺遭遇的生存危機？（這一題答對可得到 1 個👍哦！）

①棲息地的破壞　②外來種入侵　③環境汙染　④人類活動干擾

（　）6.何者並非水獺習慣出沒的地點？（這一題答對可得到 1 個👍哦！）

①溪流　②海岸　③沼澤　④乾涸的稻田

◎有些環境汙染物無法被生物體代謝排出體外，因此會在攝食的過程中累積在體內，在食物鏈中的高階消費者就成為這些環境汙染物最終的累積處，也就是體內擁有最多的有害物質，此現象稱為生物放大作用。歐亞水獺是一種肉食動物，就是水域生態系中的高級消費者，也因此在人為活動愈來愈頻繁的情況下，成為環境汙染的受害者。油汙、重金屬甚至是有毒的化學物質排放到水域環境中，然後透過食物鏈，嚴重威脅水獺的生存，因此保育水獺有賴民眾的環保意識抬頭，主動的巡察通報都能為水獺的生存盡一份心力。

（　）7.在水獺出沒的生態系中，下列哪條食物鏈較為正確？

（這一題答對可得到 2 個👍哦！）

①藻類→蝦→魚→水獺　②藻類→青蛙→水獺

③藻類→水獺　④藻類→魚→魚鷹→水獺

（　）8.若一海洋生態系的食物鏈如下：浮游藻類→磷蝦→秋刀魚→海豚。一旦海洋被重金屬汙染，則下列何種生物體內所累積的重金屬濃度最高？

（這一題答對可得到 2 個👍哦！）

①浮游藻類　②磷蝦　③秋刀魚　④海豚

（　）9.下列何種物質不會造成生物放大作用？（這一題答對可得到 1 個👍哦！）

①澱粉　②汞　③殺蟲劑　④戴奧辛

◎ 2020 年 5 月，金門的民眾拾獲一隻死亡的歐亞水獺，屍體沒有明顯外傷，也
沒有和過去路殺一樣的骨折情形，詳細死亡原因有待解剖釐清。金門建設處表
示，往年湖塘乾涸壓縮棲地或是繁殖季競爭地盤時，水獺就容易遷徙移動，導
致路殺情形的發生。建設處長補充解釋，歐亞水獺數量愈來愈少，目前僅金門
有較穩定的族群分布，但
數量也不過 200 隻左右。
建設開發導致棲地零碎
化、汙染導致水質惡化、
車輛撞擊導致路殺，甚至
是流浪貓狗的侵擾威脅，
都是造成水獺生存危機的
原因。

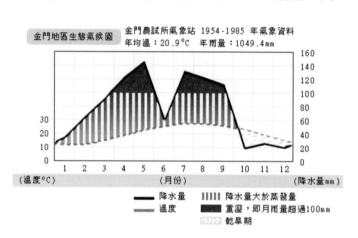

（　）10. 上圖為金門的年雨量圖，則根據此圖推測，下列何者較有可能是水獺發
　　　　生遷徙的月份？（這一題答對可得到 1 個👍哦！）
　　　　①3 ～ 4 月　②5 ～ 6 月　③7 ～ 8 月　④10 ～ 11 月

（　）11. 下列何種做法較有利於水獺的保育？（這一題答對可得到 1 個👍哦！）
　　　　①放置捕獸夾獵捕流浪狗　②人工餵食水獺
　　　　③減少道路的開闢　④建築人工水壩

延伸思考

1. 水獺是金門的生態大使，你是否曾在報章雜誌或其他場合看到水獺的圖像宣傳
　呢？你覺得金門縣政府可以如何運用水獺的形象，以符合生態大使的身分？
2. 木柵動物園收容好幾隻受傷、拾獲的水獺，妥善照護後將進行野放，你認為野
　放或收容在動物園中哪個選擇比較好？為什麼？
3. 臺灣哪些動植物被 IUCN 列為紅色名錄中的受威脅物種？
4. 查查看，水獺在金門的分布位置為何？目前這些地方是否有遭受破壞的危機？

讓小麻雀我來為
大家介紹～

徜徉天空的遊牧民族

候鳥

臺灣的秋冬之際有許多候鳥紛紛光臨，是賞鳥的好季節，
跟著小麻雀一起來認識候鳥的好本領，
下回到戶外時記得往天空尋找牠們的蹤影喔！

撰文／翁嘉文

繪圖：HOM 的遊樂園

我已經忘記第一次遇見牠們是什麼時候了，從我有記憶以來，每一年到了特定的季節，遠方的朋友們總會不辭千里，前來這兒做客，周而復始。牠們也許不像我們麻雀這樣，總愛在枝頭或岸邊休憩，但同樣喜愛這座島嶼上豐富的食物與合宜氣候，群聚在一塊嘰嘰喳喳，好不熱鬧；每年牠們離開時總不免讓我有些感傷，卻也期待牠們下一次的造訪。

牠們是我的候鳥朋友，非常勤奮，一生都在南往北返中漂泊，就像是遊走天際的遊牧民族。

圖片來源：達志影像

什麼是候鳥？

說起來我小時候傻傻的，總以為麻雀和候鳥的差別，就像我跟住在深山裡的帝雉那樣，只是住在不同地區，所以鮮少碰到，我根本不知道人類怎麼區分候鳥或留鳥。

直到我遇上一位全身雪白且臉色黝黑，嘴巴扁平得像是船槳的黑面琵鷺，牠告訴我，對這座小島而言，留鳥指的是長年居住在臺灣的本地鳥種，像是我的麻雀家族或是愛在公園閒聊的珠頸斑鳩、金背鳩；帝雉也屬於臺灣留鳥，並且比其他留鳥更加非凡，是臺灣特有、在其他國家的野外都見不著的特

殊鳥類。

不同於留鳥會常駐某地，候鳥指的是會隨著季節變化，沿著固定的路線，往返於繁殖區與度冬區之間，表現出遷徙行為的鳥類。

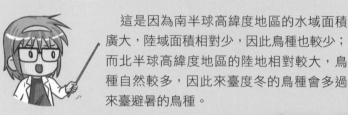
我有問題！

為什麼臺灣的冬候鳥種類比夏候鳥多呢？

這是因為南半球高緯度地區的水域面積廣大，陸域面積相對少，因此鳥種也較少；而北半球高緯度地區的陸地相對較大，鳥種自然較多，因此來臺度冬的鳥種會多過來臺避暑的鳥種。

中國東北

東方環頸鴴

小水鴨

日本

我打個卡就走！

灰面鵟鷹

臺灣

我迷路了！這是哪？

小白鶴

馬來西亞

杜鵑

在臺灣大約 600 多種鳥類中，候鳥占了將近 70％ 的比例；若依據不同鳥種遷徙、抵達臺灣以及離去的時間，可再細分為冬候鳥、夏候鳥、過境鳥以及迷鳥。顧名思義，冬日來到臺灣做客的候鳥朋友，像是常見的小水鴨、尖尾鴨等雁鴨，還有東方環頸鴴、小環頸鴴，體型較大的青足鷸等鷸鴴一類就是冬候鳥，牠們多來自西伯利亞、中國東北和日本北海道，約有 70 多種，占臺灣鳥種的 17％。而夏日來臺避暑或繁殖的為夏候鳥，好比大名鼎鼎的「布穀鳥」杜鵑，以及常在屋簷下築巢的家燕，牠們多由南方遷徙而來，約有 15 種，占了 3％；也因臺灣所處的地理位置，夏候鳥的種類比冬候鳥的種類少了許多。

另外像是喜歡寬闊無遮蔽物的樹棲性紅尾伯勞或「10 月國慶鳥」灰面鵟鷹等，就是在春秋兩季遷徙途中抵臺，僅稍做停留，但不在臺灣繁殖或度冬的過境鳥，待牠們飽食休息，補充體力後，便再往南或向北趕路。臺灣的過境鳥約有 100 種，占了鳥種的 23％。

除此之外，還有一類候鳥朋友是意外造訪，被稱為迷鳥。臺灣原本不在牠們的遷徙計畫中，但因為氣候風向改變、天災、幼鳥迷途或其

他因素，讓這些鳥類意外的在臺灣現身。特別是颱風前後，臺灣的金山、野柳等沿海一帶、關渡地區都很容易發現迷鳥，例如2014年底到2016年5月停留在金山濕地的小白鶴，也引起了民眾對環境保育的關注。臺灣的迷鳥超過100種，占了鳥種的27%。

為什麼要飛不停？

候鳥的遷徙緣由眾說紛紜，最常聽見的說法是和我同為城市三俠的綠繡眼和白頭翁告訴我的。牠們說，候鳥的遷徙生活與地球上交替出現的冰河期有密切的關係。自6000萬年前到新生代第四紀冰河期，這段期間氣候變化劇烈，北極冰河朝南邊緯度約40度的地方移動，使得南邊被冰天雪地覆蓋，植物難以生長，動物們也因缺乏糧食、過於寒冷而無法生存；迫使原本棲息於此的鳥類必須往氣候較為溫暖的南方遷徙，直到季節輪轉到溫暖的夏季時，這些鳥類才又回到原本的棲息地。

但我也從大卷尾那兒聽過另一種解釋，牠說天擇是造成遷徙行為的主要原因。這是因為，遷徙行為對於鳥類來說是一場苦戰，除了外在因素，本身身體的狀況也會影響遷徙成功與否；若是能夠撐過遷徙的嚴酷鍛鍊，存活並繁殖下一代，在整個生態圈中才更具有生存競爭的能力。

無論起因為何，我都由衷的欽佩候鳥在週

你的候鳥，我的留鳥～

候鳥跟留鳥的辨別並不是依照鳥種來劃分，也不是放諸四海皆準喔！就算是同一鳥種，在不同地區也可能因為當地氣候、食物供給、人為影響等因素，表現出不同的居留情形。

▲大卷尾多半待在故鄉，但有些夥伴會長途旅行。

例如以霸氣聞名的大卷尾（或稱烏秋）在臺灣、印度都屬留鳥，但對金門、馬祖而言卻是夏候鳥，在馬來半島則屬冬候鳥喔！

期性遷徙行為過程中表現的毅力，與冒險犯難的精神。

內建羅盤的冒險家

除此之外，說到我最佩服候鳥的地方，大概非方向感莫屬了。雖然我也和候鳥一樣擁有一身輕便骨架、流線型身材、彈性十足的飛行肌肉與空氣感羽毛，但要我飛上如此遙遠的距離還不迷失方向，真是有些為難。

經過一些探查，我終於從賽鴿那兒問出可能的原因。據說候鳥的頭部有一個磁場感應器，好比古代航海士的羅盤。雖然不像現代的導航系統可以精細分辨大街小巷、規劃路線，但它極為靈敏，能夠感知地球磁場的變化；搭配上太陽角度的偏移，便可計算出目前行進方向與地球磁力線的夾角，利於調整飛行方向，確定遷徙的路線。另外像是夜空星星的座標、行進路途中所及的河流、山谷、

圖片來源：達志影像

海岸線的輪廓等地形特色，甚至是海浪或風與地形交互衝撞的拍打聲響等，也是候鳥遷徙過程中，用來判別方向的參考。這群候鳥朋友實在是膽大心細的冒險家！

行前訂好飛行策略

候鳥是很有團隊精神與紀律的群體，數不清有幾次我瞥見牠們時，天空中那 V 字形、一字形（橫向或縱向），或是封閉群飛行隊伍，都美得讓我嘆為觀止。

黑面琵鷺說，無論哪個隊形，群體裡每隻鳥彼此都有一定的相互關係，甚至是社會結構，是緊密的團隊；而且藉由固定隊形可以有效的利用氣流，讓遷徙過程中較為省力，以便贏得這場持久戰。

不同鳥種喜愛不同的隊形。選擇帥氣 V 字形或一字形的鳥種通常體型較大，像是雁形目，鸛形目的鷺科、鸛科，鶴形目的鶴科等等，當飛在隊伍前方的候鳥振翅時，翅翼末端的空氣會產生一股浮力，使後方空氣抬升，讓後方的鳥可以飛得比較輕鬆；但隊伍最前方的鳥並沒有浮力幫忙，所以飛起來會比其他鳥更費力；因此一段時間後，領頭候鳥便會退到 V 字形隊伍的側邊（這時候隊伍就會看起來像是一字），讓其他隊友接替領隊的位置。體型較小的雀形目等候鳥則通常採封閉群式的飛行，封閉群的個體數量大小不一，有時一群可能高達數萬隻！

候鳥們通常會選在晴天飛行，若是遇到下雨、降雪或濃霧，牠們便會暫時休息，尋找

鴿子體內有羅盤？

科學家推論出鴿子體內有一種蛋白質，可以感應地球磁場變化，就像內建的羅盤一樣，讓鴿子能夠根據羅盤指針與地球磁力線之間的夾角，來判斷方位，飛行在正確的路線上。這是 2015 年提出的假設學說，也有其他人提出反對的意見，還有待更多證據證實。

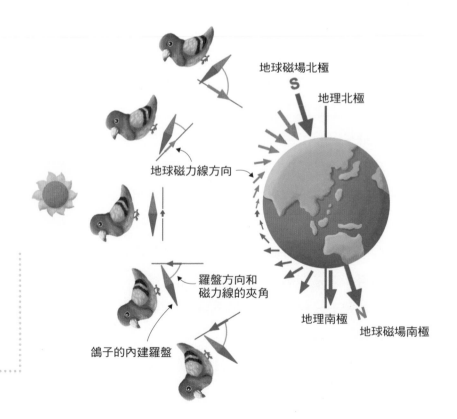

地球磁場北極
S
地理北極
地球磁力線方向
羅盤方向和磁力線的夾角
鴿子的內建羅盤
地理南極
地球磁場南極
N

繪圖：HOM 的遊樂園

∨字形隊伍

封閉群隊伍

我先來為大家破風！

一字形隊伍

躲避處，避免弄濕羽毛，損耗體力、熱量，影響到飛行。

候鳥們雖然循著相同的遷徙天氣準則，但移動的時間仍會因種類不同而異，像是大型候鳥或猛禽的天敵較少，牠們就可以在白天時遷徙，可利用日照所引起的上升氣流，為的是節省體力，直到夜晚來臨才休息；但是其他體型較小的候鳥群，則多在夜間遷徙，也有些在凌晨期間遷徙的鳥種，有時活躍的程度還會吵醒周遭住戶；另外還有一些必須穿越寬廣沙漠或汪洋大海的候鳥，會採取夙夜匪懈的遷徙模式，極為辛苦。

圖片來源：達志影像、Flickr/David A Mitchell

換裝預備！！！

為了長途飛行，候鳥在遷徙之前會更換掉舊的或有缺損的羽毛，稱為換羽。不同鳥種的換羽情形也有些差異，有些是全部換掉，有的是按時間依序更換完畢。大部分的水鳥則選在繁殖季後，準備遷徙到越冬區時換羽。

此外，由於遷徙需要消耗很多體力，所以遷徙前候鳥們都會攝取大量的食物，增加體內的脂肪，以儲存能量，因此候鳥們的體型會比較肥胖。

▲已完成換羽的小水鴨，是不是很豐滿可愛？

來到臺灣的候鳥

普遍冬候鳥
東方環頸鴴
10月～隔年4月

　　東方環頸鴴體長約為18
公分，無論雌雄都是黑短
尖嘴、白色下腹部。在繁殖季時，
雄鳥會戴上前緣黑色的茶褐色帽子、
黑色過眼帶、不相連的黑色頸環做
裝飾；雌鳥則身著樸素灰褐色
大衣。牠們是宜蘭地區
冬季常客。

珍貴冬候鳥
黑面琵鷺
10月末～隔年4月

　　黑面琵鷺平時全身雪白，腳、臉部及扁長
的嘴巴則為黑色。牠是全球瀕危鳥種，總數
量不超過5000隻，夏天居住於中國東北、
韓國、日本等地，秋天時飛往較南邊的廣
東、香港、越南或臺灣準備度冬。

圖片來源：Flickr/Ekaterina Chernetsova (Papchinskaya)（黃頭鷺）、Flickr/孫鋒林（紅尾伯勞），繪圖：HOM 的遊樂園

普遍夏候鳥

黃頭鷺

3 月～9 月

黃頭鷺體長約 50 公分，嘴黃腳黑。牠是臺灣常見的留鳥，也是夏候鳥，春夏時由南洋一帶來臺灣繁殖，入秋之後又飛回南洋過冬。牠們喜歡棲息於牛背上以便覓食，因此又被稱為牛背鷺。

過境鳥

紅尾伯勞

4 月～5 月；9 月～10 月

紅尾伯勞雌雄同色，體背至尾部為紅褐色，腹部是淡黃色，有明顯的黑色過眼帶，上有白色眉斑，具有勾狀嘴喙。牠為保育類野生動物，在東北亞繁殖，到東南亞等處度冬；臺灣的屏東恆春一帶是牠們主要過境地點。

候鳥危機！

候鳥遷徙所經的飛行航道被稱做鳥道，但受到地球暖化、各式汙染甚至獵捕活動等影響，鳥道上的危險遽增，候鳥數目已漸漸減少，部分候鳥甚至可能在十年內絕種。

為了讓世界上約 500 億隻的候鳥能永續生存，很多國家在 2013 年世界候鳥日（5 月的第二個週末）提出「建立候鳥網路」，希望能好好維護候鳥休憩、補充體力的中繼站，並呼籲各個政府、保育團體及熱心民眾，一起加入保護候鳥的行列。

2014 年，聯合國世界旅遊組織宣布展開「目的地航道」（Destination Flyway）計畫。這是全世界首次將永續觀光產業與全球候鳥保育工作接軌，希望當地居民能選擇對環境友善的觀光收入來源，達到保育候鳥的目的。

了解候鳥遷徙的活動是管理保育項目中既重要又繁複的一環，保護環境對於人類而言是舉手之勞！這不僅僅是為了鳥類，還能幫助更多的生物，包括人類，何樂而不為呢？㊑

作者簡介

翁嘉文 畢業於臺大動物學研究所，並擔任網路科普社團插畫家。喜歡動物，喜歡海；喜歡將知識簡單化，卻喜歡生物的複雜；用心觀察世界的奧祕，朝科普作家與畫家的目標前進。

徜徉天空的遊牧民族——候鳥

高中生物教師　梁楹佳

關鍵字：關鍵字：1.候鳥　2.遷徙　3.冬候鳥　4.夏候鳥

主題導覽

臺灣地處歐亞陸塊邊緣的亞熱帶島嶼，是許多長距離遷徙的候鳥必經的路線，不僅候鳥的種類繁多而且數量豐富，四季都有不同的候鳥造訪，造就了臺灣珍貴的鳥類資源。因此，對候鳥的認識與了解，會讓我們更珍視生存的土地與環境。隨季節變換而遷移棲地的鳥，我們稱為候鳥，臺灣的鳥類當中將近70%是候鳥，又可細分為夏候鳥、冬候鳥、過境鳥和迷鳥。

候鳥為什麼要遷徙呢？如果從生物天擇演化的觀點來看，牠們遷徙的目的就是追求適宜的生存環境和種族生命的延續。候鳥的方向感也十分厲害，據說牠們頭部有個磁場感應器，能夠感知地球磁場的變化，是牠們調整飛行方向的方法之一。

臺灣是鳥類遷徙路線重要的據點，既然有這樣的地理優勢，我們更應該進一步追求成為候鳥過境的天堂，同時把美好的環境留給後代的子孫。

挑戰閱讀王

看完〈徜徉天空的遊牧民族——候鳥〉後，請你一起來挑戰以下問題。

答對就能得到👍，奪得10個以上，閱讀王就是你！加油！

（　）1.以下何者不屬於候鳥？（這一題答對可得到1個👍哦！）

①留鳥　②迷鳥　③冬候鳥　④過境鳥

（　）2.下列為文章內提到的候鳥，哪些在臺灣一般來說每年都可以見到？

（這一題為多選題，答對可得到2個👍哦！）

①小水鴨　②家燕　③小白鶴　④黑面琵鷺

（　）3.以下哪一項不是科學上已確認所有會飛行的鳥類具有的共同特徵？

（這一題答對可得到2個👍哦！）

①擁有一身輕便骨架　②具彈性十足的飛行肌肉

③頭部有一個磁場感應器　④具空氣感羽毛

（　　）4. 以下對候鳥的敘述哪一個錯誤？（這一題答對可得到 3 個👍哦！）

　　①候鳥是指隨著季節變化，沿著固定的路線，表現出遷徙行為的鳥類

　　②臺灣因所處的地理位置，夏候鳥的種類比冬候鳥的種類多了許多

　　③臺灣的鳥類中，候鳥占了將近 70% 的比例

　　④「10 月國慶鳥」灰面鵟鷹屬於過境鳥

（　　）5. 有關候鳥的飛行策略以下何者正確？（這一題答對可得到 3 個👍哦！）

　　①飛行的群體裡不固定的隊形，較可以有效的利用氣流

　　②在隊伍前方的候鳥，振翅時翅末端的空氣產生浮力，所以會比後方的鳥
　　　飛得輕鬆

　　③大型候鳥或猛禽喜歡在白天遷徙，因為能夠利用日照引起的上升氣流，
　　　可節省體力

　　④候鳥的飛行要有休息時間，因此僅有白天或晚上飛行兩種類型

（　　）6. 以下有關候鳥的保育的敘述何者錯誤？（這一題答對可得到 2 個👍哦！）

　　①世界上有約 500 億隻的候鳥

　　②「建立候鳥網路」是在針對全球候鳥進行普查

　　③世界候鳥日是 5 月的第二個週末

　　④「目的地航道」計畫是全世界首次將觀光產業與全球候鳥保育工作接軌

延伸思考

1. 你有賞鳥的經驗嗎？搜尋一下資料，如果要賞鳥需準備哪些物品？

2. 候鳥包括夏候鳥、冬候鳥、過境鳥及迷鳥等四類，除了文章所提到的代表性種類
　以外，請利用各種管道與媒體，每一類再找出 3～5 種，以加強對候鳥的認識。

53

延伸閱讀

　　每年來到臺灣的候鳥，必然對臺灣的自然環境有所影響，下列是牠們扮演的角色：

　　一、生態平衡：候鳥在遷徙過程中，一直扮演著掠食和被掠食的角色，而這種角色是維持生態平衡的基礎。例如食肉的候鳥掠食鼠類，吃蟲的候鳥能抑制蚊蟲、蚱蜢跟蝗蟲的孳生；食魚的調節河川、湖泊和濕地的魚群數量；食穀的能抑制雜草的蔓延；食果的候鳥則能幫植物傳播種子。

　　二、環境指標：都市擴張、資源過度利用，種種的環境變化降低了物種多樣性，於是有些國家會把生態系中的某種生物當做環境指標。由於鳥類對環境變化的敏感度高，牠們的數量與生活現狀代表了該地的環境好壞，也可提供我們做為環境變化的警訊。

珊瑚成群好風景

在熱帶海域裡色彩繽紛的珊瑚礁，
是許多人嚮往的的海洋印象，
就讓我們一起來認識小小珊瑚蟲的神奇本領吧！

撰文／陳美琪

珊瑚與人類

進入海中尋找珊瑚之前,先看看陸地上的珊瑚礁石吧!它曾經和人類的生活有緊密的關係喔!

咾咕石屋與石灰窯

由於早期物資缺乏,住在海邊的居民常利用從海岸邊撿拾的珊瑚礁,來建造房屋及防風牆,這種情況在離島及東北角漁村都可見到。澎湖有強風及海水,這種環境常使得農作物生長不易,過去的居民為了解決這個問題,使用了當地較易取得的珊瑚礁石(咾咕石)堆疊成牆,並在牆內種植蔬果,因而有「菜宅」之稱。

墾丁社頂石灰窯是目前臺灣僅存的幾座石灰窯之一,早期社頂居民利用當地資源,以周邊珊瑚礁為燒製材料,燒製完的石灰仍保有珊瑚礁石的形狀,一旦碰水,會整塊散開為粉狀。

珊瑚礁晒鹽場

臺灣傳統製鹽方法分為晒鹽和煮鹽,隨著時代演變,有了科技製法,已經很少看到傳統製鹽。恆春半島西海岸的老漁民說,早期生活困苦,居民會到珊瑚礁找尋天然形成的鹽滷(因日晒蒸發的高濃度海水),取回來後再用柴火煮乾,這就是純天然的手做海鹽。另外也會在住家附近的珊瑚礁以榔頭敲除不平整的礁石,再用水泥鋪平,海浪濺起的水花聚集在水泥地上,經過風吹日晒形成結晶鹽,人們再把它收集起來(俗稱掃鹽),但是在日據時代自行晒鹽是犯法的。

珊瑚礁石上的天然鹽滷

海鹽結晶

咾咕石屋菜宅

圖片來源:達志影像,攝影:陳美琪

植物？動物！

珊瑚是什麼樣的生物呢？牠的名稱來自古波斯語中的「Sanga」（意指石），智者亞里斯多德最初稱這種生物為「Zoophyta」，意思是介於動物與植物之間的生物。一直到了19世紀末，經由生物解剖學、胚胎學的發展，發現珊瑚的骨骼是由珊瑚蟲分泌而來，因此科學家才確定珊瑚是一種像植物的動物。

珊瑚是海生無脊椎動物，大多被歸類在刺絲胞動物門的珊瑚綱，以珊瑚蟲為基本單位。珊瑚蟲的外形像一朵花，在頂端具有開口，口的周圍有觸手圍繞，觸手具有刺絲胞藉以捕捉食物及防禦；珊瑚的內部則是一個囊狀的消化腔，腔內通常被隔膜分隔，以增加消化和吸收的面積。珊瑚蟲大多會聯合起來過群體生活，由於珊瑚蟲種類上的差異，

石珊瑚的構造

雖然珊瑚是動物，但大多行固著生活，只有少數能移動身體。

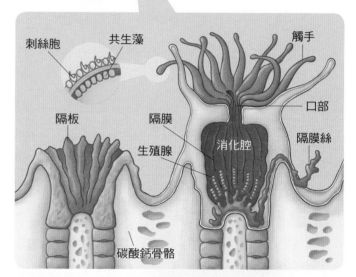

刺絲胞　共生藻　觸手
隔板　隔膜　口部
生殖腺　消化腔　隔膜絲
碳酸鈣骨骼

加上彼此連結的方式不同，所以形成多樣化的珊瑚景觀。

珊瑚的種類

珊瑚的形態多變，在分類上包括六放珊瑚的石珊瑚、八放珊瑚的軟珊瑚和柳珊瑚，以及水螅珊瑚等等。在生態上，依照功能可分

海葵
石珊瑚
藍珊瑚
水母
海筆
角珊瑚
六放珊瑚亞綱
八放珊瑚亞綱
柳珊瑚
千孔珊瑚
箱形水母
珊瑚綱
立方水母綱
缽水母綱
軟珊瑚
水螅綱

刺絲胞動物門

刺絲胞動物的構造簡單，身體呈輻射對稱，具有刺絲胞，受到刺激會發射出有毒刺絲。這裡列出的是較常見的類群。

水螅

為二大類：一為「造礁珊瑚」，組織中具有共生藻，能堆積碳酸鈣骨骼，建造珊瑚礁；二為「非造礁珊瑚」，缺乏堅硬骨骼，或鈣化的速率較慢，通常長在較深的位置。

石珊瑚

石珊瑚

石珊瑚大多分布在水深 50 公尺內的淺海區域，珊瑚蟲觸手數量為六的倍數，牠能夠分泌堅硬的碳酸鈣骨骼，累積成珊瑚礁，只要環境適合，珊瑚幾乎可以無限制的增長。石珊瑚的形態與色彩非常多變。

軟珊瑚

軟珊瑚

軟珊瑚的珊瑚蟲觸手數量為八的倍數，骨骼是彼此不相連的小骨針，被包藏在較為肥厚的肉質組織裡面。形態有的像稻穗（直立穗軟珊瑚），也有的像手指（指形軟珊瑚），牠們不會形成珊瑚礁，由於體態柔軟，可隨著水流搖曳生姿。

柳珊瑚

柳珊瑚

柳珊瑚的珊瑚蟲觸手數量為八的倍數，牠分泌骨骼形成中軸骨，其他肉質組織裡也有骨針，整體較像樹枝狀。包括俗稱的海扇、海樹和海鞭，許多種柳珊瑚的中軸骨具有同心圓的生長環，其可能是年輪而被用做判斷年齡的依據。

珊瑚礁的形成

珊瑚礁是由成千上萬的珊瑚蟲所組成。珊瑚蟲運用來自海水的鈣和碳酸根離子來建立堅硬的碳酸鈣骨骼，長年下來珊瑚群體內的骨骼累積量相當可觀，加上其他生物如貝類、石灰藻、有孔蟲等也會分泌鈣質骨骼，結合形成大塊的礁體，也就是「珊瑚礁」。當一個立體的棲所形成，就會吸引更多的生物在此一同生活。珊瑚礁依形成的時間可概略分為裙礁、堡礁及環礁。

圖片來源：達志影像、freepik，繪圖：李吳宏

造礁珊瑚的生長環境

色彩繽紛的造礁珊瑚大多居住在淺海區域，生長受到光線與水溫的影響，牠喜歡溫暖的水域（23℃至28℃）、清澈乾淨的海水、充足的陽光和堅硬的底質。全球珊瑚主要分布在南北緯30度間的熱帶及亞熱帶海域；臺灣珊瑚的分布主要集中在本島的南北兩端與離島沿岸，如綠島、蘭嶼、澎湖、東沙群島等。另外，拜黑潮這股溫暖又潔淨的洋流所賜，提供了珊瑚生長所需要的溫暖條件，也帶來了許多熱帶海洋生物的卵、幼體和成體，在臺灣南部的墾丁、蘭嶼、小琉球等地方落腳，形成了多樣的珊瑚礁生態系。

珊瑚吃什麼？

珊瑚體內的共生藻會吸收珊瑚的含氮代謝廢物，並且行光合作用、製造養分，也會提供給珊瑚利用，這種對雙方都有利的生活模式，稱為互利共生。有了共生藻，只要光線充足，珊瑚就可以像植物般正常生長。

這也是我們常在水族館中看到珊瑚的展示缸特別明亮的原因，縱然水中沒有食物，牠們依然可以生存。雖然珊瑚從藻類光合作用的副產物中獲得了大部分營養，但是牠們還是具備有毒觸手，在晚上可以用來抓住浮游動物甚至小魚。

珊瑚白化

白化的珊瑚

健康的珊瑚有紅、黃、綠、藍、紫等各種美麗的顏色，這些顏色是由共生藻的色素加上珊瑚蟲本身較弱的色素所形成的。當環境變壞，例如水溫太高、水變混濁或光線不足時，會造成共生藻離開或死亡，失去了共生藻的珊瑚也會跟著失去漂亮的顏色，只有呈現半透明的珊瑚蟲附著在白色的骨骼上，這就是珊瑚白化。白化是死亡的前兆，如果環境變好，共生藻會再回來，珊瑚就可以恢復生機。但相反的，如果環境繼續惡化，珊瑚就會真正死亡，最後只剩下白色的碳酸鈣骨骼了！

長命千歲的珊瑚

第一隻珊瑚蟲是由受精卵發育成為浮游性幼蟲，最後附著在海底變態而成。接著牠們經由無性生殖——靠出芽或斷裂生殖，一變二、二變四，不停擴張成為一個大群體。而且增生的珊瑚蟲體之間的肉並沒有分開，而

是相互連在一起，稱為「共肉」。同一塊珊瑚上的每隻珊瑚蟲都是第一隻的複製品，連遺傳物質都一模一樣。

就算一塊珊瑚上大部分的珊瑚蟲都死了，只要有一隻存活下來，繼續行無性生殖，再過一段時間牠就可以恢復舊觀，甚至更加茁壯。以綠島俗稱「大香菇」的鐘形微孔珊瑚為例：12公尺高的珊瑚礁體，上面有千萬隻珊瑚蟲，而這塊珊瑚可能已超過1200歲了！靠著這種不斷複製的方式，珊瑚就可以長命百歲甚至千歲。

卵海戰術

珊瑚是採取「卵海戰術」的方式來生殖。每年在固定的幾天內，雄性及雌性珊瑚會一起排放大量的卵子及精子到海水中受精，整個海面會充滿珊瑚卵子、精子，其中許多珊瑚精卵也會被其他生物當做食物吃掉。墾丁

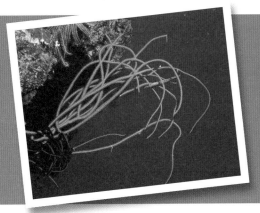

珊瑚的斷裂生殖

長成一根一根的海鞭珊瑚，牠的軸心部分是堅韌的硬蛋白，具有支撐的功能。當牠長到一定的長度後，末端會慢慢彎曲，最終會因承受不住海流而從折曲點斷掉。斷落的部分若能順利固定在海底，又會繼續長成一根新的海鞭喔！

的珊瑚約在每年春末夏初、農曆3月18日～23日左右，趁著黑夜的大漲潮繁殖。

鄰居爭地盤

珊瑚是動物，當然少不了會有競爭、打架的行為。大多時間我們看到珊瑚似乎靜靜的座落在海裡，事實上，珊瑚鄰居之間會競爭生存地盤。因珊瑚體內的共生藻需要行光合作用，如果別的珊瑚長到自己上方，遮住陽光，體內的共生藻勢必受到影響，所以牠們必須爭取生存空間和光線，這時珊瑚蟲便會伸出長長的觸手，和隔壁的珊瑚「打架」。最後輸的一方往往被覆蓋過去，成了對方的墊腳石。

圖片來源：達志影像、freepik、Flickr/Derek Keats（海鞭）、Ian Burt（競爭）

珊瑚蟲從口盤釋出紅紅的卵。

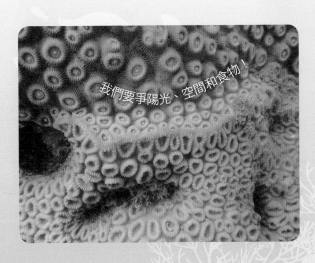
我們要爭陽光、空間和食物！

熱鬧的珊瑚礁生態系

珊瑚礁上不只住著珊瑚喔！它孕育了繁多的生物種類，具有高生產力以及多樣性的棲地，被人們公認為足以媲美熱帶雨林的生態環境。估計它只占了 0.3％以下的海底面積，卻是超過 25％海洋生物種類的家園。珊瑚在整個生態系統中扮演著多種角色，牠在形成珊瑚礁岩後，建構了許多生物生長活動的空間；牠是與共生藻共同將無機鹽類轉變為有機質的生產者，同時是捕食浮游性生物的消費者。從珊瑚組織內共生的單細胞藻類，到以珊瑚為食的掠食者，都是珊瑚礁生態系裡的成員。珊瑚與居住在其中的生物，彼此間演化出多樣的關係，如寄居、共生、掠食、競爭等，構成熱鬧的水下世界。

隆頭鸚哥魚

為巨型的珊瑚礁魚類，牠會啃食活珊瑚，消化後排出細緻的珊瑚骨骼，造就出美麗的白色沙灘。早年可見於臺灣周邊的珊瑚礁海域，但經過多年的不當漁獵撈捕以及棲地破壞，已在 2014 年被列入保育動物。

鯊魚和其他捕食性魚類可調節食物鏈中其他生物數量的平衡。

清潔魚和清潔蝦

協助其他生物移除寄生蟲，使牠們保持健康。海參也會從沉積物中過濾有機物質，排放出乾淨的珊瑚沙，淨化珊瑚生存空間。

鉛筆海膽白天躲藏於岩石洞穴，夜間才活動，以藻類為食。臺灣周邊的珊瑚礁區偶爾可見，由於它棘刺造型特殊，常被加工成工藝品，過度撈捕使數量更為稀少。

珊瑚礁祕密基地

珊瑚礁區多處形成了縫隙、洞穴，提供了各類生物豐富多樣的棲地。這些生物在珊瑚礁區長久適應後，往往演化成為特有的生物種。再加上日行性與夜行性生物常交互利用同一棲所，使得珊瑚礁區所能負荷的生物種類及數量大為提高。共棲生物如本頁舉例。

你找得到獅子魚在哪嗎？

圖片來源：達志影像、freepik，繪圖：杜侑哲

貢獻大·危機多

珊瑚礁的立體空間能保護許多魚類、甲殼類、螺貝類等，為目前約四分之一的海洋物種提供了棲息地，因此發展成為地球上最大和最複雜的生態系統之一。但珊瑚也面臨許多生存威脅，科學家估計，全球暖化和垃圾汙染，可能在未來 30 年內造成現有珊瑚大量死亡。

造福人類

珊瑚礁貢獻全世界的漁業，在某些區域，它更是當地居民重要的食物來源。珊瑚礁目前在海洋生物科技上運用得非常廣泛，研究人員萃取珊瑚體內的天然化合物用於癌症治療，來自礁石植物和動物所產生的化合物，也被開發用來治療心血管疾病、白血病和皮膚病等。

珊瑚礁同時促進了觀光旅遊，如海灘遊憩與潛水環境。最重要的是它為我們的環境搭起天然屏障，可對抗颱風甚至海嘯等天災，保護沿海城市。臺灣的海岸線堆積了許多消波塊，但它的底層沙子流失很快，實在無法取代天然屏障的功能，無形中也隔離了人類與海洋的距離。

過度捕撈與汙染

臺灣的海鮮文化盛行，出現許多販售珊瑚礁魚類的海產店，由於當中的草食性魚類和海膽喜歡啃食海藻，如果牠們減少，藻類就會增加並和珊瑚競爭，加速珊瑚礁的消失。過度捕撈頂級捕食者鯊魚，可能引起食物鏈崩壞；還有混獲及破壞性捕魚技術都會破壞甚至毀滅整個珊瑚礁；有時漁民也會使用氰化物毒害魚類再捕撈，雖然大魚可以代謝氰化物，但小魚和珊瑚蟲等其他海洋生物會因此中毒。

許多流入大海的汙染物會傷害珊瑚礁動物，而覆蓋在礁石上的垃圾會阻擋陽光，影響共生藻進行光合作用。另一項重大危機是沿岸的濫墾和濫建，隨著人口增加及生活水準的提升，海岸腹地的利用更加密集，也必須留意土木工程帶來的水土保持問題。

別讓休閒破壞了生態

在環境教育未落實前，海洋休閒娛樂常常會傷害珊瑚礁。比方說飯店有時會將廢水排放到珊瑚礁附近，遊客在從事潛水時可能無意間損害珊瑚或攪動底部的沉積物影響水質；民眾撿拾潮間帶生物或是消費者購買海洋生物製成的首飾、紀念品，這些行為都會對珊瑚礁造成破壞。

珊瑚礁面臨的問題，大多數是由人類造成的，唯有透過環境教育、研究和立法三個途徑，才能解決珊瑚保育問題。 ㊣

作者簡介

陳美琪　東華大學海生所研究人員，擔任環保署環境教育講師。喜愛海洋，具 17 年推廣經驗；擅長設計生態教案，分享護海觀念給孩子，相信向下紮根能將更多人拉進海洋的懷抱。

珊瑚成群好風景

高中生物教師　梁楹佳

關鍵字：1. 珊瑚　2. 珊瑚蟲　3. 刺絲胞動物　4. 珊瑚礁

主題導覽

　　珊瑚是海生無脊椎動物，我們看到的「一株」珊瑚，體表上其實有成千上萬個珊瑚蟲，每隻珊瑚蟲的外形像一朵花，基部是固著的，頂端具有開口、周圍有觸手圍繞，觸手上具有刺絲胞藉以捕捉食物及防禦。珊瑚蟲在成長時會分泌碳酸鈣骨骼，用來支撐和保護肉體，也是構成珊瑚礁的重要成分。

　　當許多珊瑚的鈣質骨骼聚集在一起，形成堅固的結構，就成為珊瑚礁，可以抵抗波浪，也可以讓許多生物居住或當做避難所。珊瑚礁不僅與人類的生活產生密切的關聯，也是海洋中的綠洲，至少有數萬種生物依賴珊瑚礁而生存，因此被認為是全球海洋保育的焦點。目前珊瑚礁面臨了氣候暖化、環境汙染、人類過度利用海岸腹地等生存上的威脅，亟待每個人從自身做起，養成好的消費習慣、好的遊憩行為，好好保護這美麗的海洋綠洲。

挑戰閱讀王

看完〈珊瑚成群好風景〉後，請你一起來挑戰下列問題。

答對就能得到👍，奪得 10 個以上，閱讀王就是你！加油！

（　　）1.以下哪一種不是珊瑚喜歡的環境特徵？（這一題答對可得到 2 個👍哦！）
　　　　①溫暖　②水質乾淨　③陽光充足　④底質鬆軟

（　　）2.以下針對珊瑚的敘述哪一個不正確？（這一題答對可得到 2 個👍哦！）
　　　　①珊瑚歸類於刺絲胞動物門
　　　　②分類學上所有珊瑚均歸類於珊瑚綱
　　　　③珊瑚具有囊狀消化腔，只有一個口
　　　　④刺絲胞是珊瑚捕食和禦敵的工具

（　　）3.農曆的哪一個月份，在墾丁可以看到珊瑚趁著黑夜的大漲潮，把卵和精子排到海水中的壯觀畫面？（這一題答對可得到 2 個👍哦！）

　　　　　①3月　②1月　③7月　④10月

（　　）4.以下哪一個不是珊瑚在珊瑚礁生態系中所扮演的角色？

　　　　　（這一題答對可得到2個👍哦！）

　　　　　①與共生藻共同扮演生產者　②掠食者　③消費者　④分解者

（　　）5.珊瑚與珊瑚之間會競爭，打架還打得非常劇烈，以下何者不是牠們打架時

　　　　　所要爭取的對象？（這一題答對可得到2個👍哦！）

　　　　　①陽光　②空間　③伴侶　④食物

延伸思考

1.日常生活中有哪些行為或習慣有助於保護珊瑚礁？

2.回想一下，你曾經在哪些地方看過珊瑚或珊瑚礁？那裡的環境水質如何？

3.彙整一下文章內容還有你自己所知道的，人們在哪些時候會利用到珊瑚礁？

4.珊瑚體內的共生藻會吸收珊瑚的含氮代謝廢物，並且行光合作用、製造養分，也
　會提供給珊瑚利用，這種對雙方都有利的生活模式，稱為互利共生。試想一下，
　可否再找出三組也有這種共生關係的生物？

延伸閱讀

　　珊瑚體內有非常多共生性藻類，特別是在身體表面的細胞中。這些共生藻會吸收珊瑚的含氮代謝廢物，行光合作用，並將產生的養分提供給珊瑚利用，只要光線充足，珊瑚就算沒有浮游生物吃，也可以像植物般獲得光合作用的能量而正常生長。這些共生藻的顏色加上珊瑚蟲本身的色素，建構成珊瑚美麗的顏色，也是珊瑚健康與否的重要指標。

　　當生存環境惡化，共生藻會死亡或離開，只剩下灰白的珊瑚蟲，即是我們經常聽到的珊瑚白化；此時珊瑚還可靠著捕捉浮游生物過活，不會馬上死亡，若環境改善了，共生藻會自動回家，珊瑚可以慢慢行無性生殖恢復原先狀況。可是若長期白化，珊瑚會漸漸衰弱，最後整株死亡，白化可說是珊瑚最後的求救訊號。

　　有些深海珊瑚，不靠藻類提供養分，因此可住在上千公尺深的海底，牠們的顏色有紅、紫等，都是珊瑚蟲與其骨骼本身的顏色。

看**植物**使出渾身解數度過逆境

不能到處移動的植物遇上惡劣的環境該怎麼辦呢？只能束手無策的待在原地等死嗎？千萬別小看植物，它們也具有面對逆境的抗壓性喔！

撰文／張亦葳

非生物性逆境

潮濕

寒冷

酷熱

乾旱

汙染

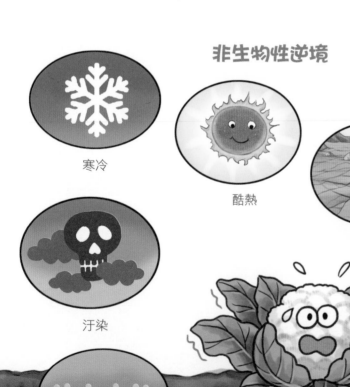

高鹽度

土壤貧瘠

生物性逆境

病蟲害

雜草

什麼是逆境？

你聽過豬籠草或是捕蠅草嗎？這些植物因為環境缺乏氮元素，而演化出捕食構造，成為會吃下昆蟲的植物。這些昆蟲終結者生活在貧瘠的土壤或沼澤、濕地等處，無法藉由根部吸收到足夠的氮元素，然而可以透過特化的葉片構造，取得來自昆蟲的氮元素，再合成體內的蛋白質。

不過，植物所面臨的大自然挑戰可不只有「缺氮」，任何不適合植物存活、生長或繁殖的不良環境條件，例如溫度過低或過高、水分太少或太多等，都是植物會面臨的「逆境」（如左頁圖）。

逆境，相當於環境給的壓力。不妨想想看，如果是我們碰到這些狀況會怎麼做呢？比方說：

冷到受不了——會多穿點衣服、戴上帽子圍巾嗎？

熱到受不了——會打開電扇或冷氣，再來杯清涼的飲料嗎？

空氣好潮濕——會拿除濕機出來使用嗎？

感覺太乾燥——會多喝水、幫肌膚擦上乳液嗎？

不同的人在面對壓力、困難或挑戰的時候，反應可能有所不同，或許是逃避，或許是忍耐，又或許會做出一些舉動對抗它。植物也是一樣的！

然而，植物不像動物，它們無法做任何大動作的反應，也無法真正離開惡劣的環境，更別提到處遷移尋找更適合居住的地方。一旦它們身處逆境之中，在光合作用、呼吸作用、代謝和生長等過程可能受到影響的情形下，有些植物能存活，有些卻因而死亡，這和它們體內的基因有關。存活下來的植物，代表它具有生存對策、有能力適應那一種環境，像沙漠裡的仙人掌，就屬於對乾旱的高壓環境耐受力較強的植物。適者生存，毋庸置疑。

現在，我們就去探訪幾個特殊環境，看看在那裡生活的植物有哪些生存技能吧！

住在這麼極端的環境怎麼不搬家？你有什麼訴求嗎？

你搞錯重點了吧……

我沒有腳怎麼移動啦！

繪圖：林麗娟、曾建華

缺水的乾旱地區

首先來到大家談到植物逆境時，一定會提及的沙漠。

稀少的雨量、相當乾燥的氣候，是沙漠地區的共同特點。這樣的環境，連人類待久了都覺得不舒服，更何況是不可缺少水分的植物？曾經有位美國的植物學家史瑞夫，他自1908年起，在沙漠花了很長的時間，研究植物如何在缺水的地方生存，被人稱為「研究沙漠植物的第一人」。當時，很少科學家願意這麼做，他卻非常有毅力的持續研究了40年左右，真是佩服！

想在沙漠生存的植物，絕不是泛泛之輩，必須有構造上或代謝上的耐旱機制才行。舉例來說，為了減少水分散失，它們葉子的面積要小一點、表面角質層增厚或覆蓋蠟質、甚至長有細小絨毛以降低空氣的流通。

◀ 史瑞夫曾研究這種極高大的巨人柱仙人掌，平均高度約十幾公尺，平均年齡約80多歲，極少數甚至能活到兩三百歲，但年少時期的生長速度很慢。有些人叫它「燭台仙人掌」，是不是挺像的呢？

正因如此，仙人掌的葉子乾脆退化、變成尖刺，不但避免水分散失的效果超好，還可以當成阻止動物啃食的武器呢！咦，但是這樣子要怎麼進行光合作用製造養分呢？

別擔心，仙人掌的莖特化成肥厚的肉質莖，能儲存水分和養分，因此又被叫做多肉植物；此外，莖上具有氣孔和葉綠體，可代替葉子進行光合作用。不過如果仙人掌植株在白天很熱的時候打開氣孔，水分會大量蒸

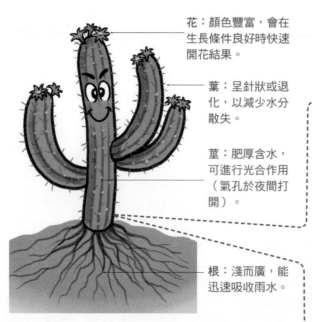

花：顏色豐富，會在生長條件良好時快速開花結果。

葉：呈針狀或退化，以減少水分散失。

莖：肥厚含水，可進行光合作用（氣孔於夜間打開）。

根：淺而廣，能迅速吸收雨水。

▲ 仙人掌科的植物目前約有近2000種，為多年生的被子植物，具有多樣化的外形和大小，其中大多數種類的仙人掌生活於乾燥地區，耐旱能力驚人。

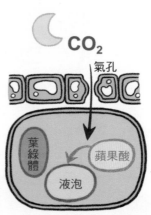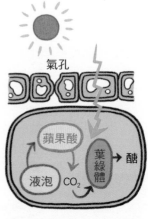

CO₂

氣孔

葉綠體　蘋果酸　液泡

氣孔

蘋果酸　葉綠體　醣　液泡　CO₂

▲ 夜晚時仙人掌打開氣孔，吸收二氧化碳，存在液泡裡；白天時，氣孔關閉，液泡釋放預先儲存的二氧化碳，和吸收陽光的葉綠體行「光合作用」，產生養分（醣）。

繪圖：林麗娟；圖片來源：Flickr/ Quinn Dombrowski

▲ 綠玉樹，又稱「光棍樹」，是大戟科大戟屬的植物。葉子退化消失或呈鱗片狀，一眼看過去都是光禿禿的綠色枝條。

兩片對生的肉質葉

▲ 生石花，又稱「石頭玉」，是番杏科生石花屬的植物。葉子之間的縫隙中有分生組織，可開花或長新葉。它偽裝的功夫是不是相當厲害呢？

▲ 生長在中國新疆和內蒙古沙漠的梭梭樹（*Haloxylon ammodendron*）。

圖片來源：Flickr/ yellowcloud（生石花）、Wikimedia Commons/ Frank Vincentz（綠玉樹）、BoymailowPL（梭梭）

散，所以它們通常在夜晚才開啟氣孔，讓二氧化碳進入體內，與一般植物進行光合作用的方式和流程不太一樣，這也屬於一種耐旱機制。

除了仙人掌，還有一些多肉植物同樣可適應乾燥環境，比方說原產於非洲熱帶乾旱地區的綠玉樹。

綠玉樹的葉子也退化了，因此由綠色的莖代替葉子進行光合作用，但它們可不是仙人掌喔！

另外，生長在石礫堆中的生石花則和大多數的沙漠植物一樣，通常也有明顯的季節

性，旱季會休眠。此外，矮小的它們還會擬態！為了保護自己不被動物吃掉，生石花的肉質葉頂面略為平坦，外觀上看起來和周圍的石頭差不多。

當然，沙漠裡的植物不只有多肉植物，還可以看到某些耐旱的草本植物和灌木。

灌木梭梭樹會夏眠，也會冬眠，而且根系相當發達。梭梭樹的種子生命力超級強，只要有一點水分就能在短時間內迅速的生根、發芽。所以能存活在沙漠之中，甚至很快長成一大群！

適應乾燥環境的植物一定耐高溫嗎？

乾燥地區的緯度和高度等條件不同，因此不見得都極度炎熱。減少水分散失、儲存水分之類的耐旱機制，主要目的是應付「乾燥」，或許稍微可調節溫度，但如果真的碰上「酷熱」的天氣，則需要其他的耐高溫機制。例如葉面或蠟質表面反光、木栓或栓皮層增厚、高溫時休眠等等。

某些植物天生就耐高溫，如蛋白質結構較穩定、較不易被破壞，或者細胞膜中飽和脂肪酸含量較高，在高溫時仍可維持結構穩定。另外，很多研究已證實生物的耐熱性和一種「熱休克蛋白」有關。在高溫逆境下，熱休克蛋白可保護細胞內的胞器、維持它們的功能，也能避免部分蛋白質變性。

寒冷的高山地區

　　生活在高海拔環境的植物可能面臨低溫、強風等挑戰，甚至被冰雪覆蓋。某些植物長得矮小或緊貼地面匍匐生長，用來保溫、抗風等。而受到強風吹襲時，防止水分過度散失也是很重要的事。所以，這裡也能看到葉子面積較小、角質層發達、體表披覆著細毛的植物。

臺灣冷杉的針狀葉和紫紅色的花穗

▲ 臺灣冷杉是隸屬松科的常綠大喬木，普遍分布於臺灣中央山脈海拔 2800 到 3300 公尺的高山上，常形成一片純林。

　　被古人譽為「歲寒三友」之首的松樹，其針狀葉使得蒸散作用面積縮小許多，再加上角質層發達、具蠟質、氣孔凹陷等特點，對環境耐受力強，即使寒冬中也不需落葉，因而總是碧綠長青。

　　不起眼的蘚苔植物生存技能也不惶多讓！原始簡單又矮小的它們，不但常見於潮濕地區，還能存活在極為寒冷之處，幾乎無所不在！

　　薄雪草這種植物會在冬天休眠，夏天開花時的花瓣（其實是葉狀苞片）上也會長有白色細毛，具有保溫、避免水分散失、降低強烈紫外線輻射傷害等作用，不只能夠適應高海拔環境，看起來又很漂亮！很多登山的人第一次看到它們，都覺得相當感動。

蘚類植物土馬騌

苔類植物地錢

葉狀苞片

許多小花組成的頭狀花序

▲ 阿爾卑斯山上的高山薄雪草是菊科火絨草屬的植物，電影《真善美》裡一首大家耳熟能詳的歌曲《小白花》，描述的主角就是它喔！

圖片來源：Flickr/ 石川 Shinchuan（冷杉、花穗）、NH53（薄雪草）、Melissa McMasters（土馬騌）、Andrey Zharkikh（地錢）

說起同為菊科植物的雪蓮，存活於海拔 4000 公尺的它們也長得相當漂亮，而且還是稀有的高山藥用植物！

　　雪蓮能在每年不到兩個月的生長期裡快速的發芽、成長，約四到五年開花和結果。除了藉由白色棉毛層適應高山上的低溫和乾燥外，它們的細胞內部會積累大量的可溶性糖、脂質、蛋白質等物質，使冰點下降，避免遭受凍害。

　　在高山地區，冬天的溫度常低於 0℃，當植物細胞內的水結成冰，便可能破壞細胞的結構，使其喪失正常的生理功能、造成植物體受傷或死亡。若要避免植物凍壞，像雪蓮一樣在細胞內部積累大量物質來提高液體濃度、降低冰點，是滿常見的一種抗寒機制。其他例如減少細胞含水量、增加細胞膜不飽和脂肪酸含量、透過激素調節促使植物進入休眠狀態等方式，也能幫助植物度過寒冷的逆境。

同為風毛菊屬的苞葉雪蓮

　　通常，多數抗寒的植物生理變化必須在光照逐漸縮短和氣溫下降過程中發生，經過一段時期的「鍛鍊」模式，植物才可真正適應低溫。當然，並非全部的植物都有辦法鍛鍊出這樣的本領，端視本身遺傳基因而定。而即使是天生可抗寒的植物，面對非常突然的冰雪侵襲，也可能會被凍死喔！

頭狀花序

葉狀苞片

▲ 武俠小說或電視劇中提到的天山雪蓮是菊科風毛菊屬的植物。

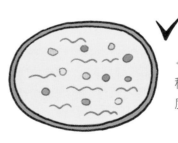
✔
◀抗寒的細胞內累積大量物質、提高濃度，防止液體結凍。

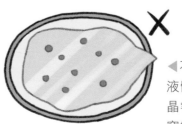
✘
◀不抗寒的細胞內液體結凍，形成冰晶等堅硬物質而刺穿細胞壁。

植物面對逆境的對策

1 逆境迴避
stress avoidance

不消耗能量做代謝反應，迴避了損害。如在乾旱中降低蒸散作用、儲存大量的水或藉由角質層、絨毛來保護自己。

2 逆境容忍
stress tolerance

直接面對極端的環境，並調節代謝反應來阻止、降低或是修復逆境所造成的傷害。

有時無法完全區隔這兩種方式，植物可能在某一條件範圍內迴避逆境、超出範圍時又表現出逆境容忍。另外，有的植物甚至會躲避逆境發生的時刻，稱為逆境逃脫，例如種子趁著沙漠短暫的雨季才萌發、生長，乾旱時則休眠，事實上並沒有親身經歷逆境。

不透氣的潮濕地帶

雖然說水分是植物生長的必備條件之一，過度潮濕仍讓多數植物感到頭疼。土壤含水量過多的時候，會造成陸生植物的根部缺氧，限制它們的呼吸作用和吸收功能，甚至爛掉，進而影響葉、莖等其他部位的正常生長、發育。

植物可透過氣孔調節體內的水分，葉子面積愈大、氣孔數目愈多，表示水分的蒸散效果愈好。但除此之外，想「長期」存活在潮濕的環境中，必須具備其他構造或生理變化的對策，例如提高氧氣吸收量、增加植株的固著性等。

在河畔、湖邊或沼澤區常可看到隨風輕輕搖擺的蘆葦，它們有粗壯的地下匍匐根狀莖，可迅速繁殖並提供支撐力。蘆葦的內部構造很特別，像根中空的管子，從葉、莖到根細胞間隙有約 60％可讓氣體通過，也就是說，氧氣從葉的氣孔進入植株之後，能很快的流通到根部，蘆葦甚至就像打氣管一樣，可以把空氣中的氧氣送入水或土壤中。

圖片來源：Flickr/ Dmitri Tovstonog（蘆葦）、Wikimedia Commons/ Kenraiz（地下莖）

蘆葦是禾本科的植物，因通氣組織發達而具有淨化汙水的作用，和芒草的外形有點相像，但功能完全不同喔！

蘆葦的地下莖

水稻也有類似的通氣組織，可把地面上的氧氣輸送到根部。另外，水稻種子浸在水中缺氧時，會啟動基因，產生特殊的蛋白質酵素，將澱粉轉化成糖，並製造能量，藉此發芽、生長。

種子缺氧對於在河口濕地中生長、大名鼎鼎的水筆仔也是件麻煩的事，所以水筆仔發展出『胎生苗』，讓內含種子的成熟果實繼續留在母株身上，生長成幼苗後再掉落。相當特別吧？而其樹幹基部向外分枝出很多裸露的呼吸根（支持根），能幫助氣體交換，又能讓它們在泥地和潮汐中站得更穩。

另一方面，同屬紅樹林植物的海茄苳除了要適應水淹的環境，生長在河口的植物還面臨另一種逆境的挑戰：過高的鹽分。因此它必須有耐鹽

機制，比方說靠葉子背面特化的鹽腺來排除體內過多的鹽分。

看到這裡，你是不是也覺得植物很不簡單呢？在我們成長的過程，總會充滿大大小小的困難和挑戰。當你感覺壓力很大、想放棄很多事情的時候，不妨想想這些生活在不同逆境中卻用盡各種方法頑強抵抗的植物們，然後深呼吸、讓念頭轉個彎、思考應對的方法，相信你的抗壓性就會愈來愈強喔！

▲ 海茄苳的葉背排鹽。

作 者 簡 介

張亦葳　臺灣師範大學生物系畢業、美國麻州波士頓學院教育碩士，曾經是國高中生物老師，喜愛文字、科學和所有美好的人事物，相信生命的無限可能。

▼ 水筆仔的特徵是筆狀胎生苗，它的樹幹基部有裸露的支持根。

▼ 海茄苳的根部在地下橫向延伸面積很廣，並且會垂直往上長出許多呼吸根，以獲取空氣中的氧氣。

看植物使出渾身解數度過逆境

國中生物教師　黃怡靜

關鍵字：1. 植物逆境　2. 光合作用　3. 滲透作用　4. 水分　5. 溫度

主題導覽

　　植物不會動也不能吃東西，是怎麼讓自己活下來的呢？知名電影《侏羅紀公園》裡有句名言：「生命會自己找到出路的。」（Life will find its way out.）即使是不能移動的植物，為了在不同環境求生也發展出各式技能，就像〈看植物使出渾身解數度過逆境〉文中介紹的例子。植物為什麼可以這麼聰明厲害啊？因為……

沒有這些特殊技能的植物，早就被環境淘汰死亡啦！不然就只能生活在其他條件適合的環境，這也是為什麼環境艱困的地方，植物種類相對比較少的緣故。

　　植物不像動物，遇到敵人或不良環境時，無法立即以行為表現抵抗或逃脫，大多只能根據環境的逆境做出適應生存的反應，而且需要較長的反應時間，若是遭遇突然且快速的環境變化，植物常常難以承受。

挑戰閱讀王

看完〈看植物使出渾身解數度過逆境〉後，再讀讀後面的「延伸閱讀」，並請你一起來挑戰下列問題。答對就能得到👍，奪得 10 個以上，閱讀王就是你！加油！

（　　）1. 植物進行光合作用時，不需要何種物質呢？
（這一題答對可得到 2 個👍哦！）
①水　②氧氣　③二氧化碳　④葉綠素

（　　）2. 植物根部泡水太久會妨礙何種生理作用進行？
（這一題答對可得到 2 個👍哦！）
①呼吸作用　②光合作用　③滲透作用　④消化作用

（　　）3. 以下何者可以中和「蟻酸」呢？（這一題答對可得到 2 個👍哦！）
①尿液　②口水　③眼淚　④血液

（　　）4. 光是碰觸就可以傷害並驅離敵人的植物是什麼呢？
（這一題答對可得到 3 個👍哦！）

　　①夾竹桃　②黃花風鈴木　③咬人貓　④榕樹

（　）5.大多數種子植物最適合以何種方式度過不穩定的長期乾旱呢？

　　（這一題答對可得到 2 個👍哦！）

　　①關閉氣孔　②大量落葉　③長出針狀葉　④產生種子

（　）6.以下何者不是植物用來避免動物啃食的方式？

　　（這一題答對可得到 2 個👍哦！）

　　①仙人掌的刺　②黃花風鈴木的花

　　③咬人貓的蟻酸　④青心大冇的咖啡因

延伸思考

　　植物面對環境中的逆境有許多應對方式，但是人類或其他動物反而可以利用這些特殊的植物加以應用喔！例如植物為了避免蟲害產生的毒素，常常被人類做為藥物治療疾病，甚至有昆蟲故意取食後，在體內累積毒素來對抗天敵。不妨再進一步研究生物之間這些互相利用的有趣故事吧！

延伸閱讀

植物為了克服環境困難或是防禦敵人，還有哪些特殊方式呢？

一、夾竹桃：適應力強的夾竹桃常用做綠籬美化，最為人所知的是含有劇毒，為了避免被動物昆蟲過量啃食而無法生存，夾竹桃演變出全株各部位都含有各種具強心作用的化學成分，如果人們不小心食用就會產生噁心、嘔吐、腹痛、腹瀉、各類心律不整、循環衰竭……等症狀，嚴重則會造成死亡，有這麼厲害的保護，相信沒多少動物敢吃下肚！

二、咬人貓：生長在中低海拔的森林的咬人貓因為嫩葉太容易被啃食，因此葉面長出明顯刺毛，這些毛可不是像薄雪草用來防止水分散失的絨毛，如果好奇或是不小心碰觸到，這些主要由草酸鈣結晶形成的「焮毛」會立刻釋放「蟻酸」，讓皮膚刺痛痠麻，燒灼難耐，這也是為什麼它叫做「咬人貓」。若想要減緩症狀，只能塗抹弱鹼性物質來中和，而最為人所知的中和方法，就是用含有氨的尿液……

三、青心大冇：茶葉是臺灣的名產之一，有款名為「東方美人茶」的茶葉，以獨特的蜜香味聞名國際，但是這個蜜香味可不是為了吸引人類，而是因為青心大冇嫩芽被害蟲「茶小綠葉蟬」叮咬後，啟動了自身的防禦機制，產生濃度較高的多元酚、兒茶素和咖啡因等化學成分，以及數種蛋白質，可扮演訊息傳導、忌避害蟲，也可能可以吸引害蟲的天敵。這原先只是為了生存而產生的化學反應，加上製茶手續，卻產生出不同於一般茶葉的蜜香味！

四、榕樹：在鄉村中常可見大家聚集在榕樹下乘涼，但是你有沒有注意到，榕樹下常常是黃土一片少有雜草呢？難道是大家為了乘涼努力拔草嗎？其實真正原因是，榕樹為了不要讓其他植物來與自己競爭，除了用濃密的樹蔭遮住陽光，讓樹下的植物缺乏陽光不利生存之外，榕樹的落葉更含有抑制其他植物生長的化學物質，這種抑制鄰近植物生長的過程被稱為「毒他（排他）作用」，讓自己能有更多空間生長及吸收土壤的水分和養分。除了榕樹之外，大家熟悉的鳳凰木也是毒他作用的佼佼者。

五、黃花風鈴木：每年 2 月到 4 月是黃花風鈴木的盛開期，不過在 2015 年 3 月左右，各地的黃花風鈴木爆炸性開花，滿滿的金色花朵讓種植黃花風鈴木的地方瞬間成為人氣景點，為何那年的黃花風鈴木開得特別旺盛呢？其實是因為從 2014 年

圖片來源：Flickr/Hiker-Hu**

開始就雨水不足，乾旱使得黃花風鈴木「產生危機意識」，大量開花好產生更多花粉及種子，因為對於種子植物來說，萬一發生長期乾旱，最好的方法就是以種子狀態休眠，等環境適宜再繼續延續生命，同年的櫻花及阿勃勒也在各地開出各種美麗壯觀的景象！

科學少年 好書大家讀

數學也有實驗課？！
賴爸爸的數學實驗系列

賴以威
親筆教授

賴爸爸的的數學實驗：
15 堂趣味幾何課
定價 360 元

賴爸爸的的數學實驗：
12 堂生活數感課
定價 350 元

真相需要科學證據！
少年一推理事件簿系列

科學知識與邏輯思維訓練，
就交給推理故事吧！

少年一推理事件簿1：再見青鳥・上
少年一推理事件簿2：再見青鳥・下
少年一推理事件簿3：是誰在說話・上
少年一推理事件簿4：是誰在說話・下

每本定價 280 元

培養理科小孩
我的STEAM與美感遊戲書系列

動手讀的書，從遊戲和活動中建立聰明腦，
分科設計，S、T、E、A、M 面面俱到！

有注音！

每本定價 450 元

戰勝108課綱
科學閱讀素養系列

跨科學習 × 融入課綱 × 延伸評量
完勝會考、自主學習的最佳讀本

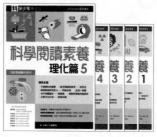
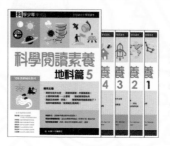

科學少年學習誌：
科學閱讀素養生物篇 1 ～ 5
科學閱讀素養理化篇 1 ～ 5
科學閱讀素養地科篇 1 ～ 5

每本定價 200 元

變身一日科學家
24小時大發現系列

24 小時大發現
回到石器時代

24 小時大發現
飛向太空站

每本定價 380 元

探索在地故事
臺灣科學家

科學家都在做什麼?
21 位現代科學達人為你解答
定價 380 元

臺灣稻米奇蹟
定價 280 元

做實驗玩科學
一點都不無聊!系列

一點都不無聊!
我家就是實驗室

一點都不無聊!
帶著實驗出去玩

一點都不無聊!
數學實驗遊樂場

每本定價 800 元

生物的精彩生活
植物與蜂群

花的祕密
定價 380 元

小蜜蜂總動員:
妮琪和蜂群的
勇敢生活
定價 380 元

動手學探究
中村開己的紙機關系列

中村開己的
企鵝炸彈和紙機關

中村開己的
3D 幾何紙機關

每本定價 500 元

看漫畫學科學
好好笑＋好聰明漫畫系列

每本定價 320 元

化學實驗好愉快
燒杯君系列

  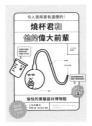 

燒杯君和他的夥伴
定價 330 元

燒杯君和他的化學實驗
定價 330 元

燒杯君和他的偉大前輩
定價 330 元

燒杯君和他的小旅行
定價 350 元

揭開動物真面目
沼笠航系列

有怪癖的動物超棒的!圖鑑
定價 350 元

表裡不一的動物超棒的!圖鑑
定價 480 元

奇怪的滅絕動物超可惜!圖鑑
定價 380 元

不可思議的昆蟲超變態!圖鑑
定價 400 元

解答

對抗傳染病的利器——疫苗
1.（2）　2.（3）　3.（4）　4.（1）　5.（2）

健康飲食：照顧你的腸道菌
1.（4）　2.（3）　3.（3）　4.（3）　5.（2）

看見細胞的發明大王——虎克
1.（2）　2.（1）　3.（1）　4.（3）　5.（3）　6.（3）　7.（2）　8.（1）　9.（4）

金門的生態大使：水獺
1.（2）　2.（4）　3.（1）　4.（3）　5.（2）　6.（4）　7.（1）　8.（4）　9.（1）
10.（4）　11.（3）

徜徉天空的遊牧民族——候鳥
1.（1）　2.（1）（2）（4）　3.（3）　4.（2）　5.（3）　6.（2）

珊瑚成群好風景
1.（4）　2.（2）　3.（1）　4.（4）　5.（3）

看植物使出渾身解數度過逆境
1.（2）　2.（1）　3.（1）　4.（3）　5.（4）　6.（2）

科學少年學習誌
科學閱讀素養 ◆ 生物篇 2

編者／科學少年編輯部
封面設計／趙璦
美術編輯／沈宜蓉、趙璦
資深編輯／盧心潔
科學少年總編輯／陳雅茜

發行人／王榮文
出版發行／遠流出版事業股份有限公司
地址／臺北市中山北路一段 11 號 13 樓
電話／ 02-2571-0297　傳真／ 02-2571-0197
郵撥／ 0189456-1
遠流博識網／ www.ylib.com　電子信箱／ ylib@ylib.com
ISBN ／ 978-957-32-8831-2
2020 年 9 月 1 日初版
2022 年 8 月 29 日初版五刷
版權所有 · 翻印必究
定價 · 新臺幣 200 元

國家圖書館出版品預行編目

科學少年學習誌：科學閱讀素養生物篇2／
科學少年編輯部編 .--初版 .--臺北市：遠流，
2020.09
88面；21×28公分 .
ISBN 978-957-32-8831-2（平裝）
1. 科學 2. 青少年讀物
308　　　　　　　　　　　　　109005008